풍력발전기 부품과 소재

Materials and Components of Wind Turbines

황 병선 · 이 학구 · 윤 순호
이 진모 · 이 장호 공저

A-JIN 도서출판 아 진

“내가 가는 길을 그가 아시나니 그가 나를 단련하신 후에는 내가 순금 같이 되어 나오리라 (욥23 : 10)”

| 머리말

풍력발전관련 소재 및 부품은 전통적으로 중공업이 발달된 국가에서 제조 및 공급이 가능한 부품들이다. 청정에너지를 얻기 위해서 많은 에너지를 사용하여 제조해야하는 다소 상충되는 사항이 있는 산업이지만 보다 많은 청정에너지를 확보하기 위하여 불가피한 측면이 있다.

본 풍력터빈 부품 및 소재기술은 중공업의 뿌리산업으로 풍력에너지를 얻기 위한 풍력터빈의 제조에는 필수적으로 발전해야 되는 분야이다. 다만 얼마나 친환경적으로 본 부품을 제조하기 위한 기술을 개발하느냐는 것이 또 다른 중요한 부분이다.

풍력터빈관련 소재 및 부품은 비록 전통적인 기반산업으로 여겨지지만 온실가스 감축을 위한 풍력에너지가 중요한 역할을 수행하는 한 중요성은 무시될 수 없으며 이러한 측면에서 향후 전망도 밝다고 볼 수 있다.

본 저서에서는 터빈의 주요 핵심부품을 구성하고 있는 부품의 기능을 소개하고 부품을 이루는 소재와 공정에 대하여 자세하게 설명하고자 하였다.

본 저서를 저술함에 있어 상당 부분은 기존 발간된 참고문헌인 「**최신풍력터빈의 이해**」 [1]를 인용하고 재정리하여 활용하였고 관련 주제 저자께도 감사드린다. 특히 블레이드는 풍력산업에서만 적용되는 특수한 부품이며 풍력발전기의 성능에 크게 영향을 미치고 부품의 규모 및 가격면에서도 매우 비중이 크기 때문에 소재, 제조, 그리고 시험에 관하여 집중적으로 다루었다. 특히 블레이드 및 드라이브트레인 부품은 풍력터빈의 핵심부품이므로 집중적으로 다루었고, 블레이드의 경우 시험분야도 추가하여 완성도를 높이려 했다, 기타 주요소재인 구리, 자석 등도 간단히 다루었다.

본 교재는 전담기관인 한국에너지기술평가원이 지원하는 「**신재생에너지산업 전문인력양성센터**」 사업으로 출간하였고, 전담기관, 주관기관인 전북대학교 신재생에너지소재개발지원센터 및 아진출판사 관계자에게 감사드린다.

2016. 10

대표저자 황병선

| 차례

풍력산업의 현황 1장

1.1 개요

1997년에는 제3차 당사국총회가 일본 교토에서 개최되어, 국가들의 온실가스 배출 의무 감축량과 교토 메커니즘을 규정한 유명한 교토의정서(Kyoto Protocol)를 채택하였다. 다음 단계로 2015년 파리기후협약에서는 더 강화된 온실가스 배출을 제한하는 협약을 체결하여 향후 각국은 온실가스 감축에 강력한 의무를 지게 되었다.

신재생에너지는 전통적인 화석 에너지와 비교하여 생산단가가 높긴 하지만 이 외에도 사회적, 환경적인 문제와 크게 연계되어 있다.

화석연료를 사용함으로써 발생하는 온실가스(GHG, greenhouse gas) 문제와 화석연료의 점진적 고갈에서 오는 대체에너지원의 개발의 필요성, 원자력발전의 안전성 등과 결부되어 신재생에너지의 필요성은 강조되어 왔다. 국제적인 관심과 화석연료 사용 절감에 대한 의무부과 등으로 청정에너지원으로써 신재생에너지를 적극적으로 도입하고 있다. 따라서 신재생에너지의 개발은 선택의 문제가 아니고 의무가 되어 더 이상 피할 수 없게 되었다.

많은 신재생에너지원 중에서 풍력발전은 기술적으로 성숙단계에 있어 가장 경제성이 우수한 에너지원으로 간주되고 있다. 특히 풍력에너지를 얻기 위한 설비는 대규모의 연구개발과 투자를 요구하고, 중공업에 기반을 둔 산업이 필요하다. 대규모 고용과 투자가 연계되는 성장동력과 결부시키고자 하는 국가의 이해와 맞아 세계적으로 중공업이 발달하거나 풍력에너지 자원을 가진 국가에서는 풍력산업을 부양하기 위하여 노력하고 있다[1].

풍력발전은 기후변화대응 관점에서 가장 현실성 있는 대체에너지원이다. 그림 1.1에서 보는 바와 같이 화석연료의 의존성은 급격하게 감소하고 있으며 이에 대비하여 풍력에너지의 설치용량은 빠르게 증가하고 있음을 알 수 있다. 파리협약 이후 기후변화대응을 위해 기존의 GW급 화력발전 시설들을 신재생에너지로 전환시켜야하며, 이 때 GW급의 대형발전단지 구축이 가능한 풍력발전이 가장 현실성 있는 대체에너지원이다.

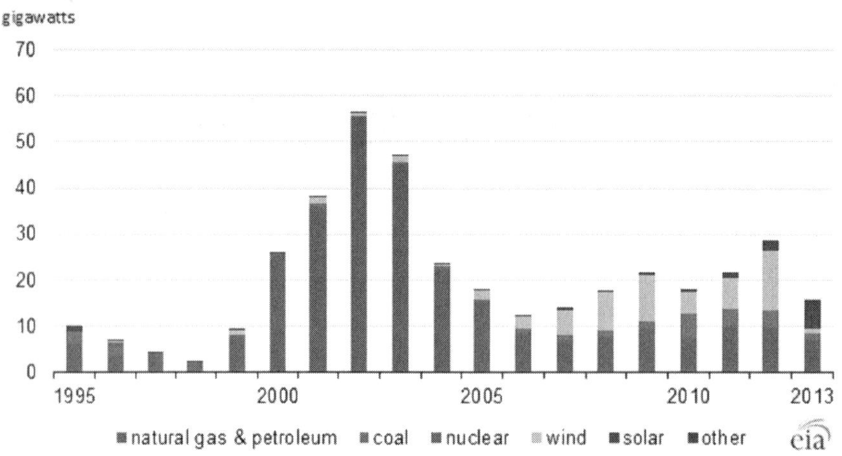

Sources: 2013: Additions to electricity generating capacity in the Annual Energy Outlook 2014 (AEO2014), Reference case, 1995-2012: History: U.S. Energy Information Administration, Form EIA-860, *"Annual Electric Generator Report."*

그림 1.1 1995년 이후 화석에너지, 원자력, 태양광, 풍력에너지의 설치용량

1.2 시장규모 및 전망

세계의 풍력시장은 국내의 시장과는 달리 그림 1.2와 같이 지속적으로 성장하고 있다. 최근 6년간 매년 설치된 풍력터빈 용량은 표 1.1에 나타내었고 2016년과 2017년은 추정하였다.

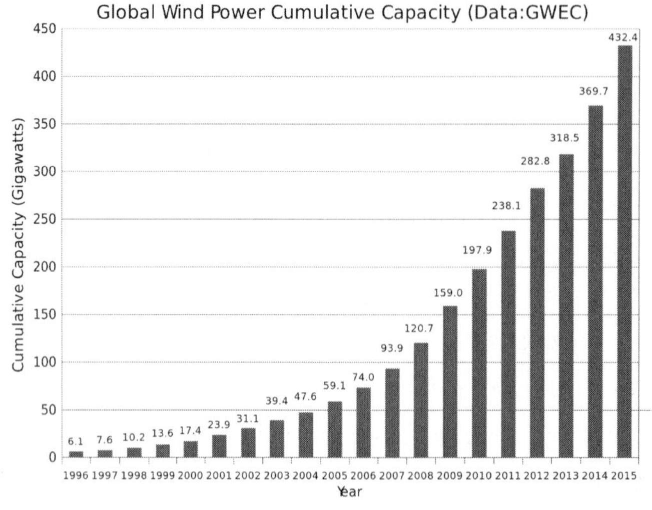

그림 1.2 세계풍력발전기 년간 설치규모

(출처: Global Wind Energy Council)

표 1.1 최근 풍력산업 세계시장 규모 및 전망+

구분	2012년	2013년	2014년	2015년	2016년 (예측)	2017년 (예측)
년간 설치용량 (GW)	45	35.7	51.7	63.4	64.0	68.0

+GWEC' s Global Wind Report 2015: Annual market update

국내의 풍력터빈의 설치규모는 2016년 현재 834MW의 누적용량을 가지고 있으며 2015년에는 224MW의 당해연도 설치량을 보이며, 지속적인 풍력단지의 개발을 진행하고 있는 실정이다[2].

풍력터빈 주요부품 및 소재 2장

풍력발전기는 그림 2.1에서 보는 바와 같이 로터, 드라이브트레인, 발전기, 타워 및 기초 등으로 이루어져 있다. 로터는 노즈콘(혹은 스피너), 블레이드, 피치시스템, 허브 등으로 구성되어 있다. 드라이브트레인(drivetrain)은 기어박스, 디퍼런셜, 축 등의 동력전달기구를 통틀어서 말하는데 풍력발전기(풍력터빈)의 드라이브트레인은 블레이드에서 저속축, 기어박스, 고속축, 커플링, 발전기(generator)에 이르는 일련의 동력전달기구라 말할 수 있다. 발전기는 구조상으로 보면 대개 로터 회전자, 고정자, 회전축 등으로 이루어져 있다. 타워는 요시스템, 원추형 튜브 강관 및 플랜지, 내부 운송시스템(사다리 혹은 리프트) 등으로 구성되어 있다.

본 저서에서는 주요핵심 부품인 로터, 드라이브트레인, 발전기, 타워와 이들을 구성하고 있는 블레이드의 고정장치인 허브 및 베어링, 타워의 베어링 및 드라이브, 베드플레이트 등에 고강도 및 고강성 금속소재가 사용되므로 이 부품들의 소재기술에 대하여도 언급한다.

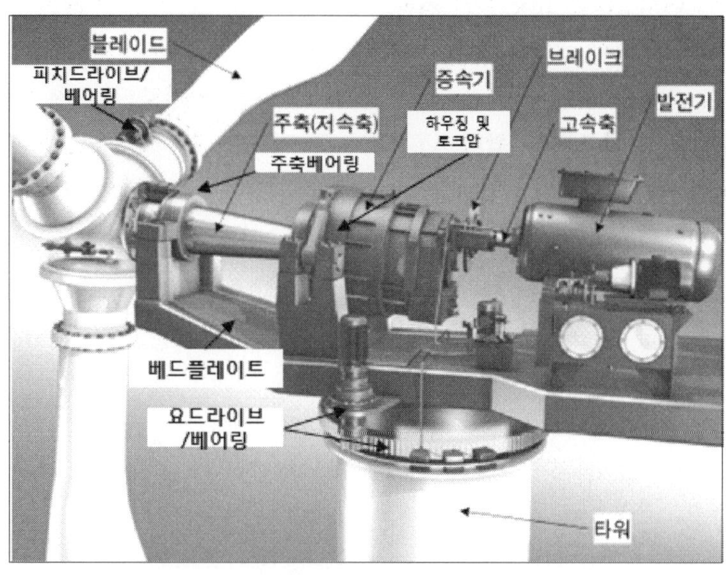

그림 2.1 덴마크식 기본형 풍력터빈 구성
(출처: 최신풍력터빈의 이해, 2nd ed. 2010)[1]

대형풍력터빈의 경우 표 2.1과 같이 무게비로 나타낼 수 있는 데 본 절에서 관심이 있는 재료인 철강은 89.1%, 비철금속은 2.4%로 90%를 상회하는 중요한 재료이다. 이와함께 풍력발전기의 특징적인 부품은 블레이드이다. 무게비는 표에서 보는바와 같이 약 5.8%에 지나지 않지만 외형 규모면에서는 매우 크고 가격 비율면에서도 약 15 ~ 18%를 차지하는 중요핵심 부품이며 수송기계의 엔진에 해당하는 부품으로 풍력발전기의 성능과 깊은 관계가 있기 때문에 깊이 있게 다룬다. 이 부품은 강화플라스틱 소재로 이루어져 있어 본 저서에서 핵심적으로 다루고 있다. 이 표에는 나타나 있지 않지만, 드라이브트레인 부품이 완성되기 위해서는 주재료인 철강이외에 영구자석, 고무, 세라믹, 테플론 등과 같이 산업용 소재도 필수적으로 포함되어야 한다.

표 2.1 1.5MW급 풍력터빈용 원소재의 무게 구성비[3]

재료	Steel	Fiberglass	Copper	Concrete	Adhesive	Aluminum	Core Materials
무게%	89.1	5.8	1.6	1.3	1.1	0.8	0.4

이와 같이 풍력터빈용 금속소재 및 비금속소재 기술은 뿌리산업에 근간을 둔 기술이다. 소재는 구성 원재료와 공정을 함께 고려하는 것이 부품을 정확하게 다루는 것이다. 강화플라스틱 부품은 원소재인 플라스틱(plastics) 혹은 수지(resin)와 강화섬유(reinforced fiber)와 제품 제조를 위한 공정에 대하여 설명하게 된다. 금속소재를 활용한 최종제품의 제조를 위한 공정은 주조공정, 단조공정, 기계가공공정 등으로 크게 분류하게 된다. 크게 분류된 공정도 세부적으로 많은 세부기술이 개발되고 활용되어 왔다. 풍력터빈을 이루는 부품별로 소재 및 공정 측면에서 비교적 자세하게 다루면 다소 중복을 피할 수 없겠지만 각 부품별로 구성재료 및 그에 소요되는 공정기술에 대하여 서술하였다.

블레이드(blade) 재료 및 제조 3장

3.1 개요

풍력터빈 블레이드는 바람의 에너지를 기계적 에너지로 바꾸는 풍력발전시스템의 가장 핵심적인 구성 요소이며, 다른 발전시스템과 구분되는 발전기의 특징적인 요소라고 할 수 있다. 블레이드는 바람의 힘을 회전력으로 전환시키는 공기역학적 구조물로 최근 블레이드가 대형화됨에 따라 블레이드 재료의 비강성 및 비중량이 더욱 중요한 요소로 부각되고 있다. 달리 말하면 자동차의 엔진에 해당하며 풍하중에 의하여 발생하는 하중의 발생원이기도 하다.

일반적으로 블레이드의 길이가 증가하면 중량은 치수의 제곱에 비례하여 증가하므로, 자중 및 관성력에 의한 블레이드 하중이 크게 증가하게 된다. 따라서 최근의 대형 풍력터빈용 블레이드는 거의 대부분 비강도와 비강성이 우수한 섬유강화 고분자 복합재료(composite materials 혹은 FRP-fiber reinforced plastics)로 만들어진다.[2, 3]

그림 3.1 복합재 블레이드

로터 허브(hub)용 나셀 및 스피너 이외 주요 핵심부품으로 사용되는 블레이드는 복합재료로 만들어지며 경량이며, 강도가 우수하고, 피로하중에 대한 내구성이 높아 현대의 초대형 풍력터빈의 개발이 가능하게 한 중요한 추진 동력으로 여겨지고 있다. 추가적으로 복잡한 형상을 제조하기에 비용이 적게 들고 설계의 최적화를 위한 우수한 설계 유연성의 장점이 있다. 특히 항공산업 분야에서 지난 수십년 동안 축적된 우수한 복합재료 설계 및 제조기술이 접목되어 풍력터빈이 대형화되어야 에너지 생산단가를 저감할 수 있는 풍력산업의 요구와 잘 맞아 대형 블레이드 기술이 비약적으로 발전하게 되었다.

복합재료[1,2]란 성분이나 형태가 다른 두 종류 이상의 재료를 혼합하여 각 재료의 장점을 극대화시켜 새로운 특성을 구현한 재료로서 보강재와 기지재료로 구성되어 있다. 여기서 보강재는 주로 하중을 지탱하는 역할을 하고 기지재료는 응력 전달 및 보강재를 보호하는 역할을 한다. 보강재의 종류로는 glass, aramid, carbon, SiC, Al_2O_3등이 있고 기재재료의 종류로는 고분자(열경화성, 열가소성), 금속(Al, Mg, Cu, Ti), 세라믹(Al_2O_3)등이 있다. 복합재료는 기존의 일반금속재료에 비해 경량이고 높은 비강도와 비강성, 내부식성, 내화학성, 단열, 절연 등의 특징을 가진다. 이러한 복합재료의 종류로는 고분자 복합재료, 금속 복합재료, 세라믹 복합재료, 나노 복합재료 등이 있다.

풍력터빈 블레이드는 높은 굽힘 하중과 원심력을 견딜 수 있도록 외형은 공기역학적 익형 형상을 만들어 주는 쉘 구조, 내부는 박스 빔구조와 샌드위치 판넬 구조로 이루어진다. 그리고 항공기용 로터 블레이드는 회전속도가 대단히 높고 블레이드 끝단의 속도가 음속에 가까운 고속 회전체인 반면, 대형 풍력터빈 로터 블레이드는 회전속도가 10 ~ 30rpm 정도이며 끝단의 속도도 일반적으로 80m/s 이하의 저속 회전체이다. 이러한 풍력발전기는 전체 출력이 로터의 회전면적에 비례하기 때문에 현재 블레이드가 점점 대형화 되어가고 있는 추세이다. 이러한 추세에 따라 대형 블레이드가 제작되어지고 있으며 최근에 상용화되고 있는 5MW급 블레이드의 경우 길이 65m, 중량 20톤 내외에 달하는 대형 구조물이다(그림 3.1). 이렇게 블레이드가 점차 대형화됨으로 인해 블레이드의 재료로 비강성과 비강도가 우수한 복합재료를 주로 사용한다.

3.2 수지(resins)

복합재료를 구성하는 기지재(matrix materials)로써 고분자 수지(polymer resin)가 사용된다. 수지는 하중을 주로 담당하는 보강섬유(fibers)를 잡아서 응력을 전달하고 접촉에 의한 마모나 물성을 감소시키는 환경으로부터 보호하는 역할을 한다. 또한 제품이나 부품을 제작할 때 구조적인 형상을 만들어 준다.

기지재로 사용되는 고분자 수지는 상온에서 대개 액상(그림 3.2)으로 공급되고 경화과정을 거쳐서 섬유를 함유한 상태로 블레이드 몰드의 형상에 따라 최종 제품으로 만들어 진다. 블레이드용 기지재로는 고분자 수지 중에서 에폭시(epoxy), 폴리에스터(polyester), 비닐에스터(vinylester) 등의 열경화성 수지(thermoset resins)를 사용한다.

에폭시 수지는 1분자 중에 2개 이상의 에폭시 기를 갖는 올리고머 화합물을 말한다. 이 화합물에 에폭시 기를 개환할 수 있는 중합용 촉매 또는 경화제를 배합하여 열경화성 수지로써 사용된다. 불포화 폴리에스테르 수지는 수지조성을 적절하게 설계함으로 경화수지의 성질을 용도에 맞게 조절하는 것이 가능하고 경화속도가 빠르고 에폭시 수지와 비교해서 재료비용이 저렴한 이점이 있다. 이러한 이유로 유리섬유 복합재료의 매트릭스 수지로써 넓게 사용된다. 비닐에스테르 수지는 불포화 폴리에스테르 수지의 한 종류로 일반적으로 불포화 폴리에스테르 수지보다도 파괴인성이 높고, 유리섬유와의 접착성이 우수한 특징을 가진다.

그림 3.2 액상의 열경화성 에폭시 수지의 예시(출처: East Coast Resin Co.)

풍력터빈 복합재 블레이드의 기지(matrix) 수지는 주로 불포화계 수지인 불포화 폴리에스터(unsaturated polyester), 비닐에스터(vinylester)와 에폭시(epoxy)가 사용된다. 과거에는 블레이드의 무게를 최대한 낮추면서 제작비를 고려하여 계 수지가 사용되었으나 풍력블레이드가 풍력터빈에서 점차적으로 경량, 저수축 및 우수한 노화특성, 고강도가 요구되면서 에폭시 수지의 복합재료로 전환되고 있는 추세이다. 특히 블레이드가 대형화되면서 수지는 복합재료의 성형 공정에 적합하도록 선정되어야 한다.

1) 불포화 폴리에스터수지(unsaturated polyester)

불포화 폴리에스터(그림 3.3)는 무수프탈산(phthalic anhydride)과 같은 포화산과 무수말레산(maleic anhydride) 등의 불포화산을 프로필렌글리콜(propylene glycol) 또는 디에틸렌 글리콜(diethylene glycol)과 같은 디올(diol)과 공중합 시켜 제조한다. 이때 포화산은 가교 밀도를 조절하기 위해 투입되면 스티렌(styrene)과 같은 반응형 희석제를 사용하여 수지의 점도를 낮추게 된다. 경화는 과산화물에 의해 생성된 자유 라디칼이 비닐기를 반응시켜 이루어진다. 이 수지는 그 저렴한 가격으로 인해 복합재 블레이드뿐만 아니라 산업용, 스포츠 용품, 자동차, 건축에 사용되는 복합재료의 기지 수지로 광범위 하게 적용된다. 그러나 경화될 때에 열수축이 상대적으로 크고 고온에서의 열안정성이 취약하며 기계적 물성도 소폭 떨어지는 단점이 있다.[4]

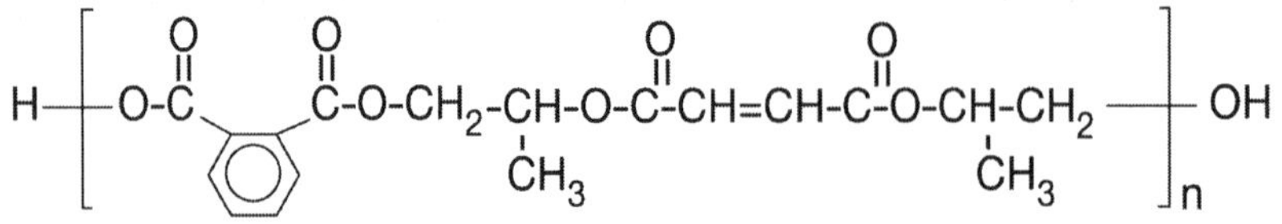

$$H\!-\!\left[O\!-\!\overset{O}{\overset{\|}{C}}\!-\!C_6H_4\!-\!\overset{O}{\overset{\|}{C}}\!-\!O\!-\!CH_2\!-\!\underset{CH_3}{\underset{|}{CH}}\!-\!O\!-\!\overset{O}{\overset{\|}{C}}\!-\!CH\!=\!CH\!-\!\overset{O}{\overset{\|}{C}}\!-\!O\!-\!\underset{CH_3}{\underset{|}{CH}}\!-\!CH_2\right]_n\!-\!OH$$

그림 3.3 불포화 폴리에스터의 화학 구조

2) 비닐에스터 수지(vinylester resin)

비닐에스터 수지(그림 3.4)는 일반적으로 메타 아크릴산(methacrylic acid)과 같은 불포화 카복실릭 산과 비스페놀(bisphenol) A형 에폭시 수지의 부가 반응으로 얻어진다. 이중결합이 불포화 폴리에스터와 달리 사슬 말단에 존재하며 가교 밀도가 비교적 적어서 유연하고 강인하다. 특히 사슬 내에 있는 히드록실기(-OH)가 존재하여 유리 섬유 표면에 있는 히드록시기와 강한 수소 결합을 형성할 수 있다. 이로 인해 수지와 섬유 간의 계면 결합력이 향상되기 때문에 유리 섬유로 보강된 복합재료의 경우 우수한 물성을 구현할 수 있다. 또한 에폭시 수지에 비해 가격이 저렴하며 기존의 불포화 폴리에스터 제조 공정을 그대로 이용할 수 있는 장점이 있다.

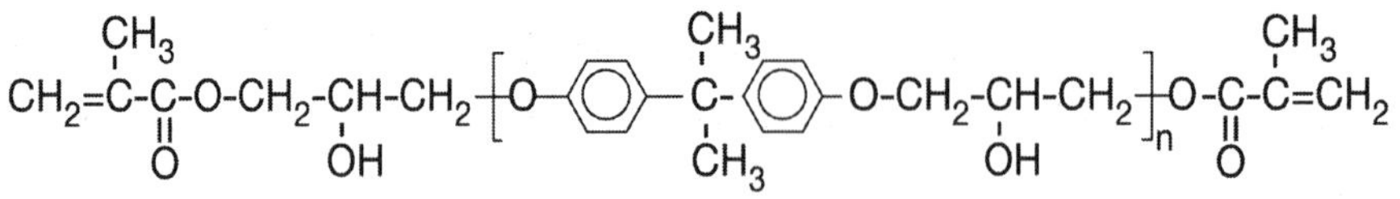

$$CH_2\!=\!\overset{CH_3}{\overset{|}{C}}\!-\!\underset{O}{\underset{\|}{C}}\!-\!O\!-\!CH_2\!-\!\underset{OH}{\underset{|}{CH}}\!-\!CH_2\!-\!\left[O\!-\!C_6H_4\!-\!\overset{CH_3}{\underset{CH_3}{C}}\!-\!C_6H_4\!-\!O\!-\!CH_2\!-\!\underset{OH}{\underset{|}{CH}}\!-\!CH_2\right]_n\!-\!O\!-\!\underset{O}{\underset{\|}{C}}\!-\!\overset{CH_3}{\overset{|}{C}}\!=\!CH_2$$

그림 3.4 비닐에스터의 화학 구조

3) 에폭시 수지(epoxy resin)

과거에는 블레이드의 무게를 최대한 낮추면서 제작비를 고려하여 불포화 폴리에스터나 비닐에스터 수지가 사용되었으나 풍력블레이드가 풍력터빈에서 점차적으로 경량, 저수축, 우수한 노화특성, 고강도가 요구되면서 에폭시 수지의 복합재료로 전환되고 있다. 에폭시 수지(그림 3.5)는 보통 비스페놀 A와 에피클로로히드린(epichlorohydrin)을 중합하여 만든 올리고머(oligomer) 형태의 수지를 말하며 대표적인 열경화성 수지이다. 가격은 기존의 불포화 폴리에스터나 비닐에스터에 비해 높으나 경화 수축률이 상대적으로 매우 낮고 내열성과 기계적 물성이 높다는 장점이 있다. 경화제를 통해 경화된 에폭시 수지는 기계적 물성뿐만 아니라 내수성, 내화학성과 전기적 성질이 매우 우수하며 사슬 내의 분자 구조, 분자량 및 에폭시 당량 등을 변화시켜 다양한 특성의 수지를 제조할 수 있다. 경화제 또한 에폭시 기와 결합할 수 있는 반응성 관능기를 보유한 화학 물질이 다양하게 존재하기 때문에 특성에 따라 선택의 폭이 넓다. 그림 3.6은 각각 대표적인 산무수물계 경화제와 에폭시 수지와의 반응식을 나타내고 있다.

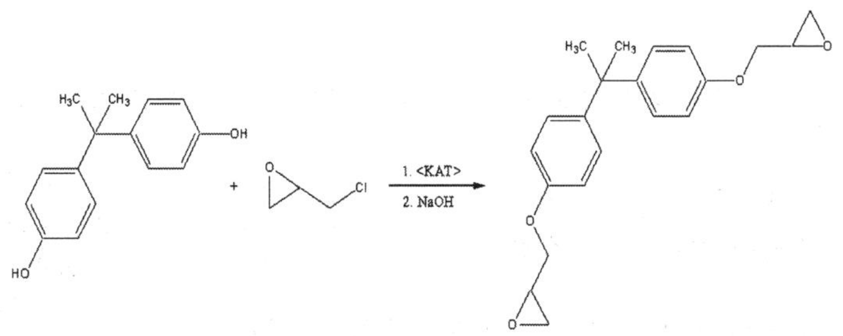

1. <KAT>
2. NaOH

그림 3.5 비스페놀 A와 에피클로로히드린과의 반응식

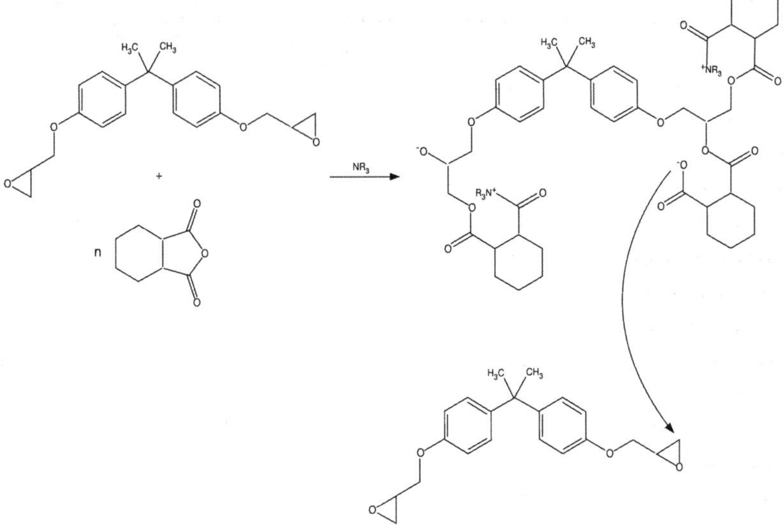

n

NR_3

그림 3.6 에폭시 수지와 산무수물계 경화제와의 반응

4) 블레이드용 수지 요구특성

최근에 생산되는 풍력블레이드는 대부분 수지주입공정으로 제조되고 있으며 블레이드가 대형화됨에 따라 다양한 특성 조절이 가능한 수지 시스템이 사용되고 있다. 표 3.1은 풍력블레이드용 에폭시 수지의 수지주입공정에서 요구되는 대표적인 특성을 요약하였다. 표 3.2는 현재 상용 에폭시 수지의 구체적인 물리적 특성을 나타내고 있다. 대형 블레이드에서는 수지주입공정에서 유동 거리가 대폭 늘어나기 때문에 공정에 적합한 최적 점도의 수지가 요구된다. 그리고 블레이드가 대형화 되어 경화될 때 높은 온도 조건을 구현하기 어렵기 때문에 낮은 온도에서 경화할 수 있어야 한다.

표 3.1 풍력블레이드용 에폭시 수지의 수지주입공정에 요구되는 특성

물성	가사 시간 (상온/100g)	점도 (상온)	경화 조건	피로 강도 (Reversed bending, DLR Brunsw.)
요구 조건.	500 min 이상	700 cps 이하	80℃, 10 hr 이내	exp. 〉 1 x 106 (10%) exp. 〉 2 x 106 (90%)

표 3.2 풍력블레이드용 상용 에폭시 수지의 실제 물성예시 (출처: 국도화학)

Properties of the Cured, Reinforced Formulation(2layers, 4layers unidirectional)

		H	KUKDO	S
Longitudinal Tensile Strength	MPa	612	678	703
Longitudinal Tensile Modulus	GPa	32	31.4	31.5
Elongation of Longitudinal Tensile	%	2.0	2.4	2.4
Curing Degree	%	96.9	96.6	96.7
Resin Content	%	30.7	31.2	30.8
Longitudinal Compressive Strength	MPa	617	462	461
Longitudinal Compressive Modulus	GPa	25.5	26.1	25.6
Longitudinal Compressive Strain	%	2.5	1.8	1.9
Flexural Strength	MPa	806	796	802
Flexural Modulus	GPa	29.9	29.9	30.2
Elongation at Flexural strength	%	2.9	3.0	2.8
Curing Degree	%	96.4	96.2	96.7
Resin Content	%	30.5	30.9	31.1
Modulus in Shear	GPa	3.52	3.68	3.48
Curing Degree	%	96.6	95.4	96.9

그러나 이런 경우 대부분 수지의 가사 시간이나 겔화시간(gel time)이 짧아지기 때문에 적절한 경화 온도를 가지거나 경화제 시스템의 함량이나 조합을 통해 조절이 가능해야 한다. 수시/경화제 시스템은 보통 상온에서 700cps 이하의 점도에 가사시간과 가열조건을 고려하여 80 ~ 90℃에서의 경화 온도를 필요로 한다. 그림 3.7은 실제 풍력블레이드 제조에 적용되고 있는 에폭시 수지 시스템의 점도를 측정한 자료이다. 더하여 수지 자체의 인장강도, 압축강도, 신율 등과 같은 기계적 물성 또한 중요한 요소이며 특히 우수한 피로 강도가 요구된다.

에폭시 수지는 일반적으로 저점도의 비스페놀 A 또는 비스페놀 F계가 사용되며 경화제는 아민(amine)계를 적용하고 있다. 특히 저점도 아민 경화제(~ 80 cps)를 투입함으로써 상대적으로 높은 점도를 가진 수지(~ 1,100cps)의 점도를 떨어뜨릴 수 있다. 경화 반응은 그림 3.8과 같이 일어나며 에폭시 당량비로 계산하면 보통 무게비로 100:30으로 혼합한다. 경화제는 단독으로 사용하기 보다는 경화 온도와 겔화시간을 조절할 수 있도록 2종류 이상의 조합을 이용한다. 수지와 경화제 이외에 점도와 발열량 조절을 위해 소량의 반응형 희석제를 혼합하거나 탈포를 위해 소포제가 투입될 수도 있다.

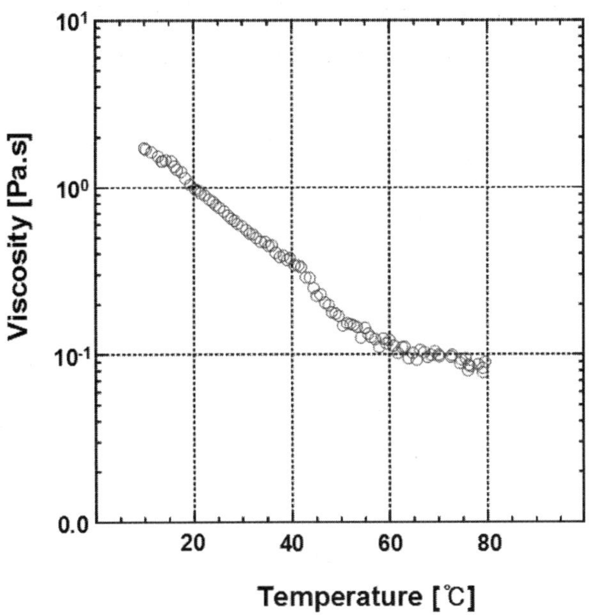

그림 3.7 풍력블레이드용 에폭시 수지의 점도

(출처: KIMS 복합재료연구본부) (dynamic scan, 5℃/min)

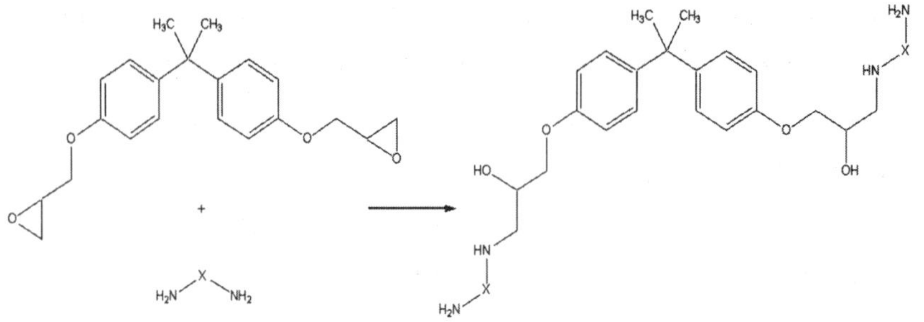

그림 3.8 에폭시 수지와 아민 계 경화제와의 반응

3.3 공간 확보재(sandwich materials)

공간 확보재로는 그림 3.9(a), (b)와 같이 Balsa wood, PVC foam, honeycomb 등이 사용된다. 이러한 것을 사용하는 이유는 무게는 줄이면서 강성을 높이기 위함이다. Balsa wood는 반복적인 충격에 잘 견디고, PVC form은 정적이고 동적인 물성의 결합이 안정적이고 폴리에스테르수지와 안정적인 결합력을 가진다. Honeycomb은 매우 다양한 샌드위치 구조물에 사용되고 접착방식에 따라 원하는 강도와 강성의 조절이 용이하다. 그러나 적층판(laminate)와 접착면적이 아주 작으므로 접착(bonding)에 있어서 고성능 수지 적층판을 필요로 한다.

그림 3.9 (a) PVC foam

그림 3.9 (b) Balsa wood

3.4 유로 확보재(flow media)

대형 복합재 제조공정으로 널리 사용되는 infusion 공정에는 수지 유동을 용이하게 하기 위한 유로 공간 확보재(flow distribution media)가 사용된다. 유로 확보재로는 그림 3.10과 같이 그물망 형태의 플라스틱이 주로 사용된다.

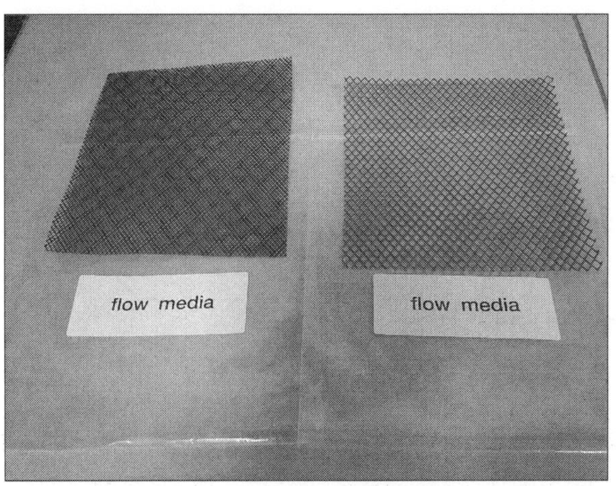

그림 3.10 유로 확보재료

3.5 보강재(reinforcement materials)

탄소 섬유, 유리 섬유 및 케블라 섬유가 주로 사용된다. 탄소 섬유는 92% 이상의 탄소로 이루어진 고성능 섬유로 정의되며, 높은 인장강도와 전단강도를 지

니고 있으며 열적, 전기적 특성도 우수하여 우주 및 항공분야에 많이 사용되고 있다. 유리 섬유는 용융된 유리를 연속섬유 또는 단섬유 형태로 제조한 것으로 고온에 잘 견디고 불에 타지 않으며 화학적 내구성이 있기 때문에 부식되지 않는 특성이 있다. 케블라 섬유는 아라미드 계 섬유 중의 하나로 인장강도가 같은 굵기의 철에 비해 5배 정도 높다. 예를 들면, 5mm 굵기의 케블라 섬유로 2톤의 무게를 지탱할 수 있다. 그리고 고온과 화염에 대한 강한 저항성을 가지고 있어 427℃까지 열적 위험에 대해서도 안정하다. 이와 같은 섬유들은 직물(fabric), 비굴곡 직물(NCF, non-crimp fabrics, (그림 3.11)) 재봉(stitching) 등의 형태로 가공되어 보강재로 사용된다.

그림 3.11 유리섬유 NCF

보강 섬유는 복합재료에서 구조적 성능을 결정하는 가장 중요한 요소이며 일반적으로 복합재료 부피 중 40% 이상의 부분을 차지하며 외부 하중을 직접 받는다. 복합재 풍력블레이드에서 적용되는 보강 섬유는 보통 탄소 섬유와 유리 섬유가 주로 사용된다.

1) 유리 섬유(glass fibers)

유리 섬유는 규사, 석회석과 붕사 등의 원료를 적절히 배합하고 1,550℃에서 용융하여 섬유화 한다.[5] 그림 3.12와 같이 용융 유리는 백금과 로듐의 합금으로 만든 상자 모양의 부싱(bushing)으로 들어가 밑 부분에 있는 직경 1 ~ 2mm의 수백에서 수천 개의 노즐로 중력에 의해 흘러내리면서 섬유화가 이루어진다. 부싱을 통해 나온 유리는 그림 3.13에서 보는 바와 같이 연신된 후에 냉각되고 직경이 5 ~ 24㎛ 정도의 미세한 필라멘트가 된다.

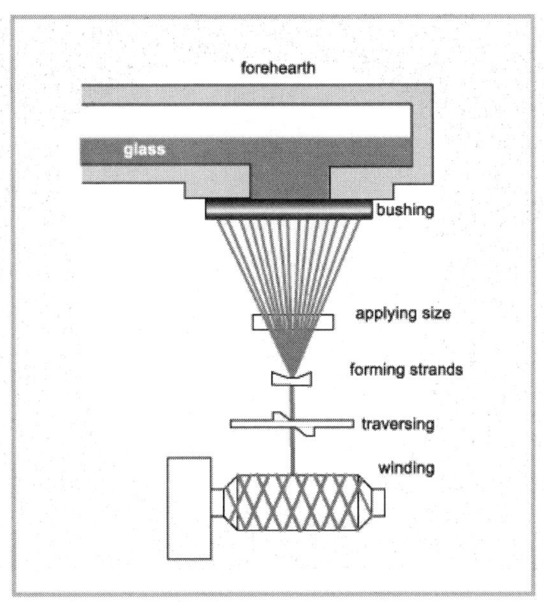

그림 3.12 유리 섬유 제조 공정 (출처: www.mtarr.co.uk)

이렇게 제조된 유리 섬유 필라멘트는 집속하면서 섬유 표면에 윤활성을 부여하고 후 공정에서 섬유 표면이 손상되는 것을 방지하기 위해 사이징(sizing) 처리를 한다. 또한 이러한 사이징 처리는 복합재료화 할 때에 유리섬유와 기지 수지와의 접착성을 향상시켜준다. 사이징은 보통 필름형성제(film former), 윤활제(lubricant), 정전기 방지제(antistatic agent), 커플링제(coupling agent) 등으로 구성되어 있으며 유기화합물의 혼합액에 의해 유리 섬유가 코팅된다.

일반적으로 사이징은 유기실란(organosilane) 코팅제가 사용되며 유리 섬유 표면에 있는 하이드록실기와 유기실란이 물이 빠져나오면서 그림 3.14의 형태로 결합하게 된다. 사이징은 유리 섬유 무게대비 약 0.2 ~ 0.5% 정도에서 유리 섬유를 완전히 코팅할 수 있는 것으로 알려져 있으며 유리 섬유에서 요구되는 표면 특성에 따라 아민기, 비닐기, 에폭시기 등 다양한 관능기가 포함된 유기실란을 선택할 수 있다.

그림 3.13 유리 섬유 필라멘트 및 로빙 (출처: http://www.concretenetwork.com)

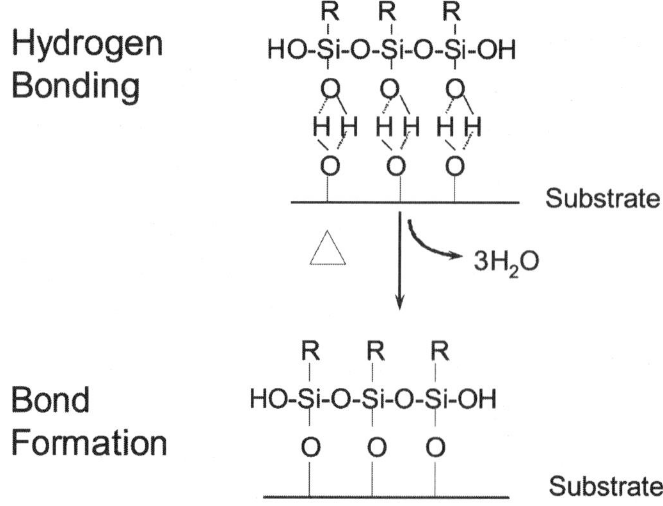

그림 3.14 유리 섬유와 유기실란의 반응

2) 탄소 섬유(carbon fibers)

탄소 섬유는 흑연 섬유(graphite fiber)로도 지칭되며 탄소 원자의 결정구조를 이용한 고강도 섬유이다. 높은 기계적 물성이 요구되는 최신 복합재료에 강화제로 널리 사용되고 있다. 탄소 섬유 제조에 이용되는 전구물질(precursor)은 폴리아크릴로니트릴(polyacrylo-nitrile, PAN)과 석유정제 부산물인 피치(pitch)가 있으며, PAN을 이용한 탄소 섬유 제조공정의 개략도는 그림 3.15와 같다. 그림 3.16과 같이 먼저 전구 물질을 250 ~ 350℃에서 산화 공정을 통해 안정화 시킨 후에 1,000 ~ 1,500℃에서 탄소화 공정, 2,000℃에서 흑연화 공정을 거쳐서 6 ~ 8㎛의 탄소 섬유가 제조된다. 탄소 섬유 또한 폴리비닐알콜(polyvinylalcohol) 등의 표면 처리와 에폭시 사이징 처리 공정을 통해 기지 수지와의 결합력을 높이고 있다.

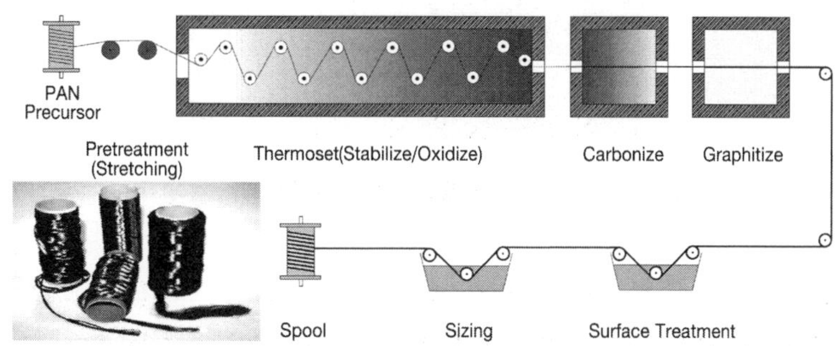

그림 3.15 PAN을 이용한 탄소 섬유 제조 공정

그림 3.16 탄소 섬유 로빙 및 필라멘트

과거 풍력블레이드는 비용 관점에서 경쟁력이 있는 유리 섬유를 보강재로 사용하였으나 초대형 풍력블레이드의 대부분은 탄소 섬유 spar를 결합하거나[6] 탄소 섬유/유리 섬유 하이브리드 형태(그림 3.17)와 전량 탄소 섬유 보강 복합재료가 사용될 가능성이 크다. 연구 보고에 의하면[7] 120m 로터에 탄소 섬유 스파(spar)를 적용하면 무게는 32 ~ 38%, 가격은 14 ~ 16% 정도 줄일 수 있다. 탄소 섬유/유리 섬유 하이브리드를 적용한 경우, 동일한 부피 분율에서 유리 섬유와 비교하여 신율은 50% 정도 감소하나 강성이 2.5배 이상 향상되는 결과를 보였다.[7] 따라서 최근 블레이드 시스템들은 탄소 섬유 복합재료 스파를 적용하고 있으며 더 큰 블레이드를 제작하기 위해서는 다소간 탄소 섬유 복합재료를 사용해야 하는 것을 알려져 있다.

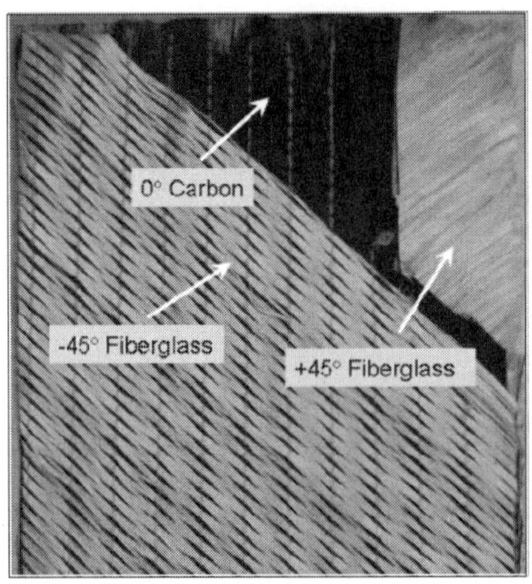

그림 3.17 탄소 섬유/유리 섬유 하이브리드 보강재

그러나 전량 탄소 섬유가 적용된 복합재 블레이드는 무게를 줄일 수는 있으나 가격이 문제가 된다. 보통 전통적인 유리 섬유 보강 복합재료에 비해 3 ~ 5배 정도 비싸고, 가벼운 블레이드라 할지라도 운송비용이나 설치비용이 줄어들지는 않기 때문에 문제가 된다. 그리고 블레이드 무게가 가벼우면 전체 시스템에 걸리는 하중을 감소되어 허브나 타워의 구조적 요구 조건이 완화되나 이것이 탄소 섬유를 사용함으로 인한 비용 증가의 보상 여부는 명확하지 않다.

블레이드에 있어서 강성이 매우 중요하지만 피로 강도 또한 중요한 요소인데, 유리 섬유 복합재료는 그 안정성이 검증되어 있으나 탄소 섬유 복합재료가 충분한 피로 강도를 보유하고 있는지 완전히 검증되지 않았다. 탄소 섬유 복합재료의 사용에 따라 부품이 더 얇아지면 낮은 하중에서도 좌굴 (buckling)이 일어날 수 있으므로, 이러한 국부적인 좌굴을 피하기 위해서는 복합재료의 두께가 늘어날 수 있다.[8]

보강 섬유는 풍력블레이드 제조 공정과 물성 요구 사항에 따라 다양한 형태의 구조가 선택될 수 있다. 프리프레그 공법이나 wet layup 공정에서는 보강 섬유의 구조가 기계적 물성에 큰 영향을 미치나 생산성에는 차이가 없다. 수지주입공정은 보강 섬유의 구조가 기계적 물성과 생산성과 밀접한 관계가 있는데, 블레이드의 대형화에 따라 복합재 블레이드에 사용되는 보강 섬유 구조는 그림 3.18과 같이 특성이 우수한 다축 비굴곡 강화섬유 직물 NCF(multi-axis non-crimp fabric)가 널리 쓰이고 있다. 이러한 구조는 기존의 직조 직물을 대체하고 있으며 대형 블레이드의 80%이상 적용되고 있다.

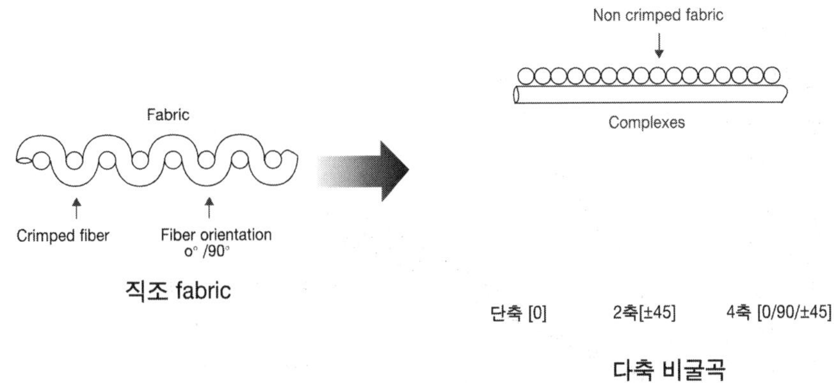

그림 3.18 직조 직물과 다축 비굴곡 직물의 비교

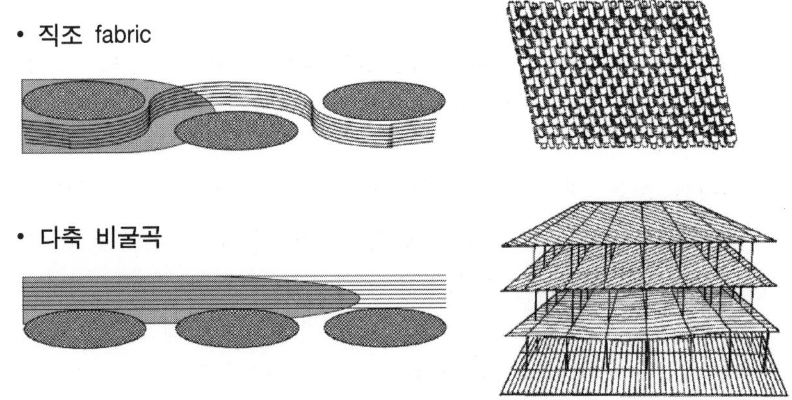

그림 3.19 보강 섬유의 구조에 따른 수지 유동 비교

다축 비굴곡 직물은 대형 블레이드 제조 공정인 수지주입공정에 적합한 특성을 가지고 있다. 직조 형태와 비교하였을 때, 굴곡된 섬유가 최소화 되어 있어 섬유의 직진성이 대폭 향상된다. 또한 섬유 체적율이 높아 우수한 기계적 물성 구현이 가능하며 수지주입공정에서 수지의 침투성이 직조 직물에 비해 매우 높아 블레이드 생산성을 높일 수 있다. 그림 3.19는 기존의 직조형 구조와 비굴곡 구조의 보강 섬유 내부에서 수지의 흐름을 도식화 한 것이다. 비굴곡 형태는 구조적으로 투과성이 높아 수지의 유동이 원활하게 진행될 수 있음을 보여주고 있다.

최근 풍력터빈 블레이드에의 수요가 증대함에 따라 섬유 제조사들은 풍력전용 유리섬유를 개발하고자 노력하고 있다. 대표적인 유리섬유 제조사인 Owens Corning사에서는 성능이 향상된 E-glass 계열의 유리섬유(WindStrand™)를 개발하여 직조회사에 공급하고 있다.

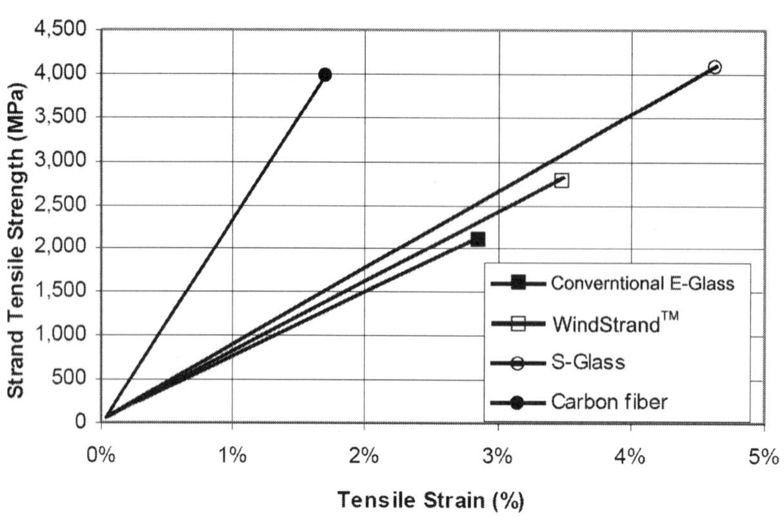

그림 3.20 풍력터빈 블레이드 전용 유리섬유(WindStrandTM)의 인장강도의 비교[9]
출처: Owens Corning 자료

그림 3.20에서 보는 바와 같이 기존의 E-glass와 비교하면 인장강도가 35%, 강성이 17% 증가되어 있으며, 피로, 충격, 노화, 부식 그리고 온도 저항성 향상 등의 기존제품에 비해 차별화된 특징을 갖고 있다.[9] 이 섬유는 새로운 고성능 강화섬유플랫폼인 하이퍼텍스(HiPer-texTM)를 응용한 첫 제품으로 유리 용해, 섬유화 및 사이징 기술에서 진보된 기술이 도입되었다. 다른 대형 유리섬유 제조사인 PPG에서는 풍력터빈 블레이드용 HYBON 2026TM 유리섬유를 개발하여 종래의 것보다 인장강도를 20%, 피로특성을 2배 향상시켰다고 한다.

이러한 유리섬유를 이용하여 그림3.21과 같은 블레이드용 강화제를 만들고 자세하게는 그림 3.21과 같이 굴곡이 생기지 않고 섬유의 방향성을 잘 이용할 수 있는 스티칭법을 사용하여 다축이면서 비굴곡직조물(non-crimp fabric)을 만든다.[9] 그림의 경우 가장 일반적인 각도를 가진 직조물로써 0/+45/90/-45의 적층 구조를 보여주고 있다. 예를 들면, 길이 방향으로의 강도와 강성이 필요한 부분은 0o 층을 강화해서 다른 적층을 가진 직조물을 도입한다. 블레이드의 위치에 따라서 응력이 다른데, 구조해석을 통하여 필요한 특성을 지닌 직조물을 선택한다.

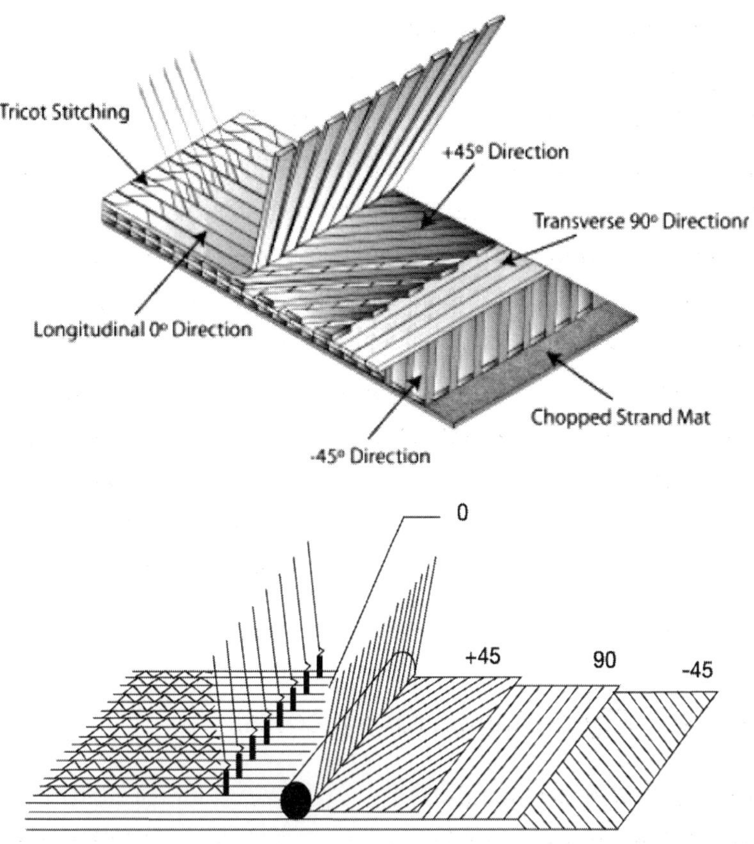

그림 3.21 다축 비굴곡직조(multi-axis non-crimp fabric)의 대표적인 구조(0/+45/90/-45형 직물)[9]
출처: Owens Corning 자료

3.6 블레이드 코팅용 도료(coating materials)

풍력터빈은 보통 사용연한이 20년 이상이며 그 기간 동안 블레이드 또한 외부에 노출된다. 특히 복합재료 블레이드는 고분자 기지를 사용하기 때문에 폭로 환경에서의 열악한 내후성(weatherability)이 문제가 된다. 대기 중 산소에 의해 산화가 일어나거나 UV(ultraviolet)에 의해 고분자 사슬의 분해가 촉진될 수 있다. 이를 방지하기 위해 UV를 차단하고 산화를 방지할 수 있는 블레이드의 표면 처리가 필요한데 풍력블레이드는 gel coat나 도료를 사용하여 표면 처리를 하게 된다.

도료는 크게 안료, 바인더(binder) 수지와 용제로 구성되어 있으며 풍력블레이드에서는 TiO_2와 같은 저가의 백색 안료가 쓰이며 산화방지제 또는 UV 안정제 등과 같은 첨가제가 투입 될 수 있다. 사용되는 바인더 수지가 도료의 내후성과 내구성 그리고 내식성뿐만 아니라 풍력블레이드 생산성과도 관련이 있다. 범용의 비스페놀 A계 에폭시 바인더 수지는 가격은 저렴하고 내구성과 내식성은 우수하여 많이 사용되었으나 UV 환경에서 내후성이 취약하여 점차 아크릴 변성 에폭시 또는 실리콘 변성 에폭시 바인더로 대체되고 있다.

아크릴 변성 에폭시 바인더는 비스페놀 A계 에폭시 바인더의 열세한 내후성을 극복하였으나 상대적으로 내식성이 취약하여 해상 풍력터빈에서는 문제가 될 수 있다. 실리콘 변성 에폭시 바인더는 기존의 에폭시 binder에 비해 내후성이 획기적으로 향상되었고 내수성과 VOC(volatile organic compounds) 저감형 제품 설계가 가능하게 했다. 그러나 범용 바인더에 비해 높은 가격과 도입 초기 단계이기 때문에 장기간의 사용으로 인한 검증된 자료가 부족한 것이 단점이다.

최근에 풍력블레이드에는 환경 친화적인 수용성 도료의 사용이 확대되고 있다. 유기 용제와 같은 VOC가 인체와 환경에 많은 문제를 일으키고 있기 때문이다. VOC 감소를 위해 고체(high solid)형 도료가 사용되는데 용제 함량이 10% 이하 또는 무용제형도 출시되고 있다. 이러한 고체(high solid)형 도료는 기존의 도료에 비해 코팅 두께가 커서 작업성이 매우 우수하여 풍력블레이드 생산성 향상에도 기여하고 있다.

3.7 블레이드 제조 공정(manufacturing process)

블레이드 제조 공정에는 hand layup, pultrusion, infusion(SCRIMP, Seemann Composite Resin Infusion Molding Process)공정 등이 있으며 공정의 발전 추이는 친환경 공정, 복합재의 고성능화, 형상 구현의 다양화로 표 3.3과 같이 요약할 수 있다.

표 3.3 블레이드 제조에 사용되는 재료 및 공정

Resin	Reinforcement	Core	Process	Blade Size
Epoxy	Wood	Wood	Hand layup	5 ~ 12m
Polyester	Fiberglass	No Core PVC Foam/Balsa Wood	Pultrusion Hand layup Wet Vacuum Bag	< 10m 10 ~ 30m 10 ~ 30m
Epoxy	Fiberglass Carbon	PVC Foam/Balsa Wood	Wet Vacuum Bag Infusion	10 ~ 40m

1) 수적층 공법(hand layup)

이 공법은 그림 3.22와 같이 복합재 성형 방법 중에서 가장 오래된 것으로 손쉽게 복합재를 제조할 수 있다. 그러나 생산성이 낮으므로 다품종 소량생산에 적합하고 생산자의 기술에 따라 품질에 큰 차이가 나는 저급 공법이다. 또한 휘발성 유기 화합물(VOC, volatile organic compound) 배출로 인해 인체에 해로우며 복합재 내부에 기포가 많고 섬유 함유량이 낮다는 단점도 있다.

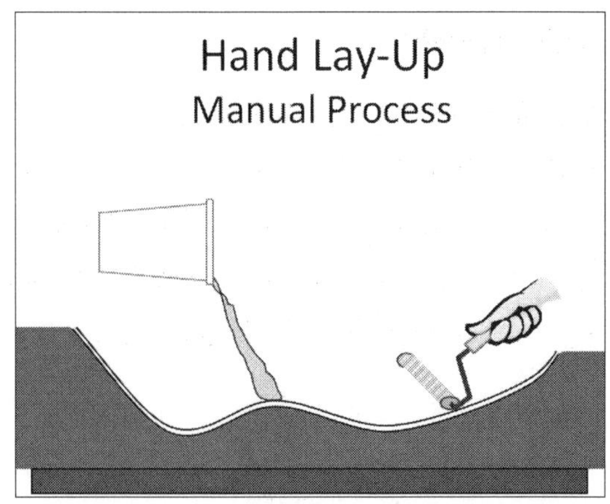

그림 3.22 Hand Layup 공정

2) 인발공정(pultrusion process)

Dry yarn 이나 직물을 함침조(resin bath)를 통과시킨 후 금형에서 열을 가해 제품을 제조하는 공정으로 막대, 파이프, I형 빔 등 단면형상이 일정한 긴 성형품을 대량으로 생산하는데 적당한 성형방법으로 그림 3.23에 나타나 있다. 분당 3 ~ 5m의 높은 연속 생산성을 가지고 있고 섬유 함유율은 35 ~ 60% 정도이다. Pultrusion 성형장치에 사용되는 장비는 spool, resin bath, heated mold, puller 등이 있다.

그림 3.23 Pultrusion 공정과 적용된 블레이드 제품(출처: Bergey Excel 10)

3) 인퓨전공정(Infusion/SCRIMP*)

금형 내에 보강재와 유로 매트를 적층하고 진공 bagging을 한 후 수지를 섬유 매트 내부로 함침시키고 가열하여 제품을 생산하는 공정(SCRIMP: Seemann Com posites Resin Infusion Molding Process)으로 1980년대 후반 Bill Seemann에 의해 제안되었다. 대형 부품 성형을 위해 높은 유동성 매질층(유로 확보재)을 유로로 이용하고, one-side mold 형태이며, 보강 매트 압축 및 수지 주입은 대기압을 사용한다.

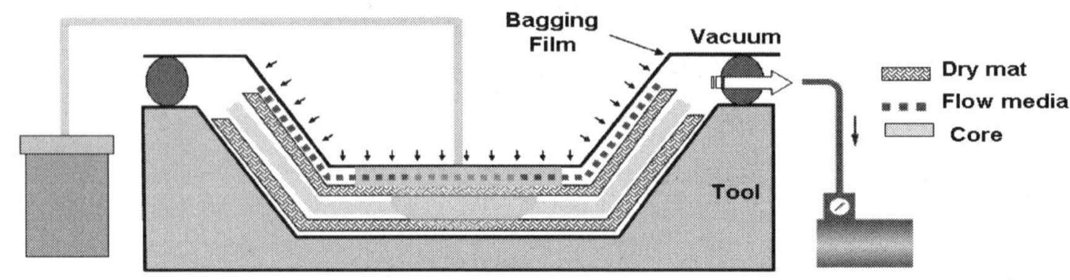

그림 3.24 Infusion 공정(출처: KIMS 복합재료연구본부)
*SCRIMP(Seemann Composites Resin Infusion Molding Process)

그림 3.24에 나타나 있는 infusion 공정은 one-side mold에 적층하는 방식이므로 작업이 편리하여 성형시간 단축이 용이하고 대형 후판에 적합한 공정이다. 그리고 금형, 수지 주입기, 오븐/가열 장치, vacuum pump등의 간단한 장비만으로 성형이 가능하여 장비 투자 및 운용비용이 저렴한 장점을 가지고 있다. 또한 낮은 원재료 단가, VOC 발생이 적은 환경 친화적 공정, 부품 일체화 용이성 등의 장점이 있다.

3.8 제조 공정의 설계

1) 공정물성 및 공정예측

복합재 성형 공정에는 autoclave molding, filament winding, resin transfer molding, compression molding, hand layup, pultrusion 등이 있으며 이러한 공정들의 공통점은 보강섬유 사이로 수지유동이 필수적으로 수반된다는 것이다. 이때의 수지유동 속도( )는 아래의 식(3.1)에 표시된 Darcy's law에 의해 지배되는데, 수지 유동 속도는 보강재의 투과성 계수와 가해진 압력구배에 비례하고 수지 점도에 반비례한다.

$$= \frac{Flow\,Rate}{otal\,Flow\,Area} = -\frac{[K]}{\mu}\nabla P \tag{3.1}$$

과성 계수, 보강재 물성
μ: 점도, 수지 물성
∇P: 압력 구배, 공정 변수

2) 보강재의 투과성 계수(permeability of reinforcement materials)

수지유동에 있어서 투과성 계수[10-12]는 보강매트의 유동 전도성을 나타내는 물성으로, preform의 형상(그림 3.25), 종류 및 섬유 체적률에 따라 크게 변화하는 특징이 있으며, 그 값이 클수록 수지유동이 원활하다. 투과성 계수는 수지 유동 예측(공정개발)에 필수적인 물성이다. 섬유 매트의 투과성 계수(K)를 정량화하기 위해서는 섬유 매트에 수지를 주입하면서 시간에 따른 수지 전면(flow front)의 전진량을 측정하고 그 전진량을 이용하여 투과성 계수를 결정(unsaturated method)하거나, 일정 주입 압력 하에서 섬유 매트를 흘러나오는 시간에 따른 수지 배출 유량을 측정하여 계수를 결정(saturated method)하기도 한다. 투과성 계수는 섬유체적률에 따라 10^{-6} ~ $10^{-13}m^2$까지 폭넓게 변화하므로 유동에 매우 큰 영향을 미치는 성형인자이며 공정의 재현성을 떨어뜨리는 결정적 인자 중 하나이다. 통상적으로 보면 random mat는 등방성(isotropic, 유동 전면이 원형)을 보이고(그림 3.26), 그 이외에는 대체로 직교 이방성(orthotropic, 유동 전면이 타원형)을 보인다.

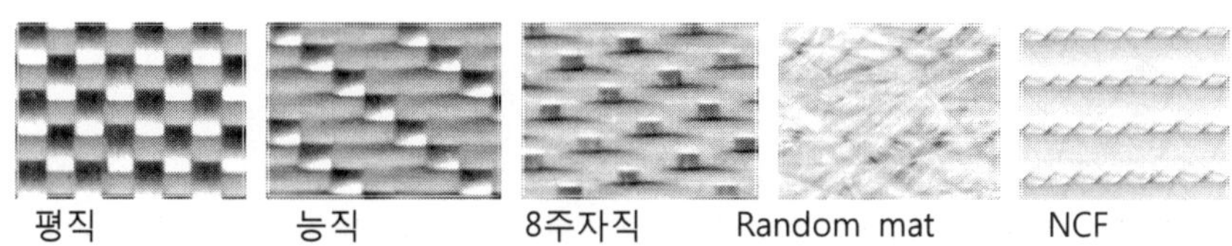

그림 3.25 보강재의 직조형태 (출처: KIMS 복합재료연구본부)

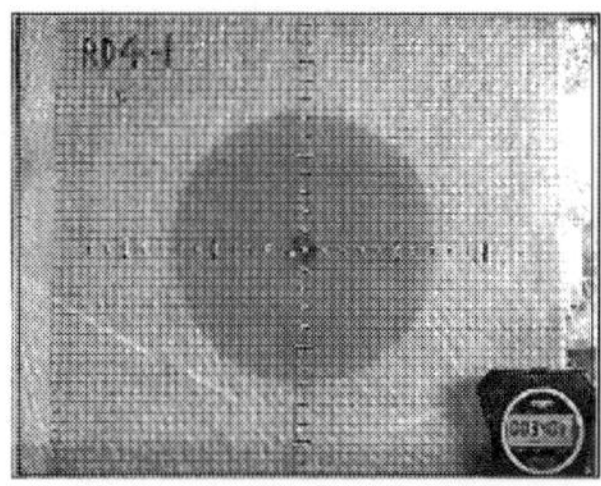

그림 3.26 수지 전진 형태 (출처: KIMS 복합재료연구본부)

3) 보강 매트의 변형(distortion of reinforced mats)

적층한 섬유 매트를 외부로부터 힘을 가해 압착시킬 경우, 압착력에 의해 그 두께가 줄어들고, 이에 따라 섬유 매트 사이의 공극이 줄어들어 섬유 체적률이 증가하게 된다. 즉 매트에 적용된 압력 정도에 따라 섬유 매트의 두께가 변하게 되고 이는 투과성 계수의 변화를 유발하여 최종 제품의 섬유 체적률에 영향을 미친다. 이것은 최종 복합재 제품의 강성, 강도의 변화를 야기한다. 따라서 주위의 하중 변화에 따른 섬유의 변형은 성형과 강도 측면에서 주의 깊게 고려되어야 한다. 통상적으로 섬유 매트의 하중 변형 특성은 만능 시험기로 하중-변형 관계를 측정하여 그림 3.27과 같이 정량화할 수 있다.

4) 수지 점도(resin viscosity)

점도는 수지의 유동 속도에 영향을 미치는 중요한 인자 중에 하나이며, 수지가 섬유 매트 내부로 함침 되는 속도는 수지 점도[13]에 반비례한다. 통상적으로 열경화성 수지는 주제와 경화제를 혼합하여 사용하며 시간이 경과함에 따라 반응이 진행되고 따라서 유동저항인 수지의 점도 또한 증가한다. 수지 유동이 경화반응의 초기에 대부분 일어나므로 Newtonian 유체로 가정한다. 점도는 경화도를 고려하여 아래의 (3.2)식으로 근사할 수 있다.

$$= \mu \quad \exp\left(\frac{\triangle E}{T} + k\alpha \right) \tag{3.2}$$

$, k:$ 체상수 $\triangle$: 활성화에너지
R: 일반기체상수 α: 경화도

점도 측정은 viscometer나 rheometer로 측정하고 cone/plate 또는 parallel plate 타입을 사용한다. 점도 측정 방식은 등온주사(isothermal scan)와 동적주사(dynamic scan)로 나눌 수 있는데, 등온주사(그림 3.28)는 일정한 온도에서 시간에 따른 수지의 점도를 측정하기 때문에 수지의 개략적인 가사시간(gel time)을 알 수 있어 적절한 수지 주입 온도를 찾기 위한 것이고, 동적주사는 빠른 속도로 수지 온도를 승온시키면서 점도를 측정하기 때문에 수지 점도의 온도 민감성을 알 수 있다.

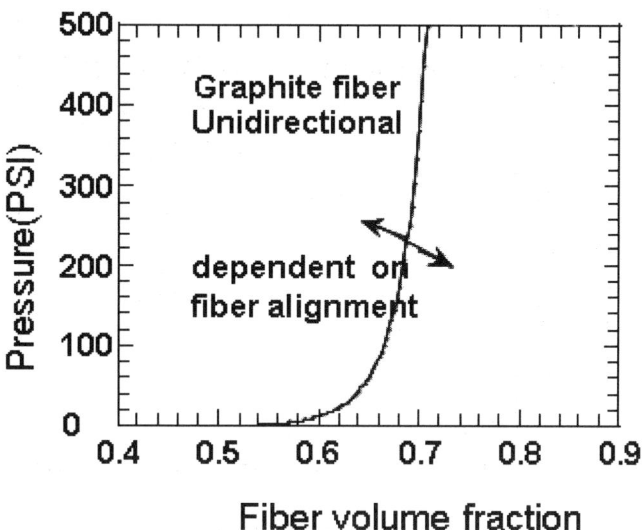

그림 3.27 섬유 매트 변형 (출처: KIMS 복합재료연구본부)

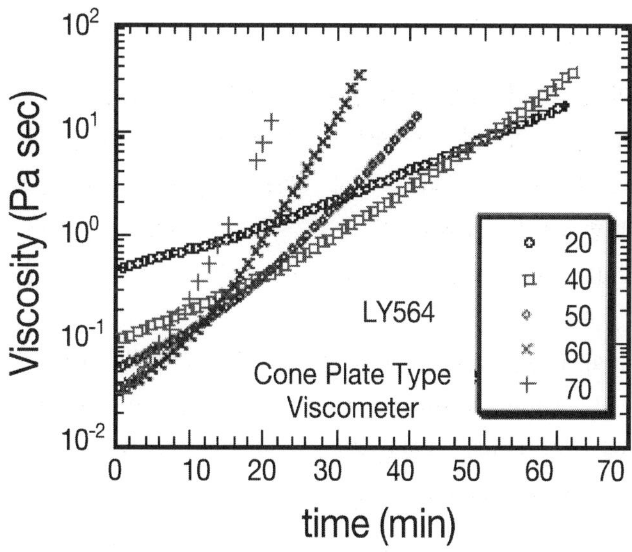

그림 3.28 점도 측정 예(등온주사) (출처: KIMS 복합재료연구본부)

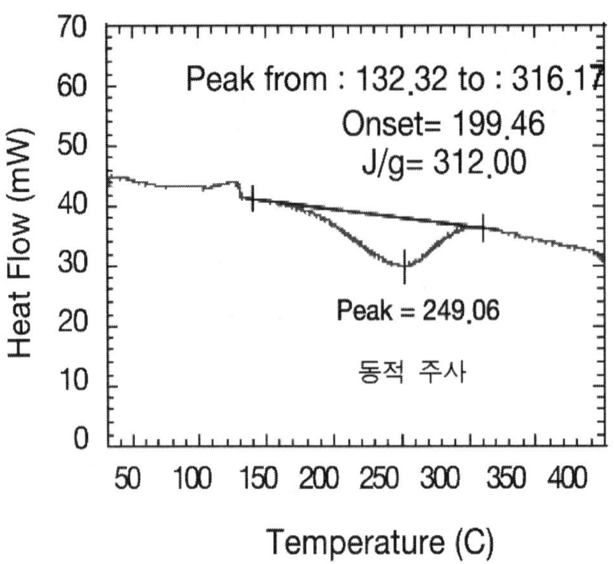

그림 3.29 DSC 발열량 측정예 (출처: KIMS 복합재료연구본부)

5) 수지 경화

수지는 화학 반응 시 각종 물성(점도, 유전율, 굴절률...)의 변화와 열을 방출하는데 수지 화학 반응 정도를 정량화하는 상태 변수로는 열량, 유전율, 굴절률 등이 있다. 일반적으로 측정의 편의 등으로 열량을 이용하여 화학반응을 정량화하는 방법이 가장 보편적이며, 수지가 반응에 의해 방출하는 열량은 그림 3.29와 같이 DSC (differential scanning calorimeter)를 이용한 발열량 측정이 가장 널리 사용된다.[14-16]

경화도란 임의의 경화 순간까지의 발열량 합을 반응에 의해 생성되는 총발열량으로 나눈 값으로 정의할 수 있는데, 다시 말해서 총발열량 대비 발생열량 분율이다. DSC는 시료와 기준물질을 가열로에 넣고 일정한 속도로 가열하면서, 시료가 흡열 및 발열할 때의 열 화학적 반응을 전기적 에너지로 환산하여 열 유속을 측정한다.

동적주사는 시료를 일정한 속도로 승온 시키면서 온도에 따른 반응열을 측정하는 방식으로 수지가 반응에 의해 발생시킬 수 있는 총 발열량을 측정하는데 사용하는 방법이다. 등온 주사는 동적주사를 참조하여 발열시점을 고려해 적절한 온도를 일정하게 유지시키면서 시간에 따른 발열량을 측정한다. 등온주사와 동적주사 데이터를 활용하여 시간에 따른 경화도를 계산할 수 있고, 계산된 시간-경화도를 시간으로 미분하여 경화율(rate of cure)을 계산할 수 있다. 이렇게 구해진 온도별 경화도-경화율 데이터를 적절한 함수를 이용하여 근사하여 경화모델(cure kinetics model)을 구하게 된다.

이렇게 구해진 경화모델을 주어진 온도 사이클에 대하여 시간 적분을 수행하면 시간에 따른 화학 반응 진행 정도(경화도)를 예측할 수 있고, 열전달 수치 해석 모델에 발생 열량을 나타내는 생성항(source term)으로 활용하면 복합재의 내부 온도 분포를 예측할 수 있다.

6) 금형 충전 수지 유동 해석

공정개발에 필요한 금형 설계 및 주입구/배출구 위치, 내부 유로 형태 및 위치, 주입구 압력 등의 공정조건 결정에 활용하고 반복적 제조를 통한 공정 개발의 개선으로 경제성 및 효율성을 제고한다. 수지유동 수치해석[17-18] 절차는 먼저 설계된 형상으로부터 node 및 element를 생성시키고 주입구, 주입압력, 점도 변화, 투과성 계수 등의 해석 조건 및 물성을 인가하고 해석을 수행한 후 완전 충전여부, short shot의 발생, 주입구 위치 및 압력의 적정성을 판단하여 결과를 분석한다. 적용되는 수치해석 기법으로는 검사체적 유한 요소법(CVFEM)으로 그림 3.30과 같이 삼각형/사각형 요소를 사용하고 수지유동은 고정 격자계와 flow analysis network를 사용한다.

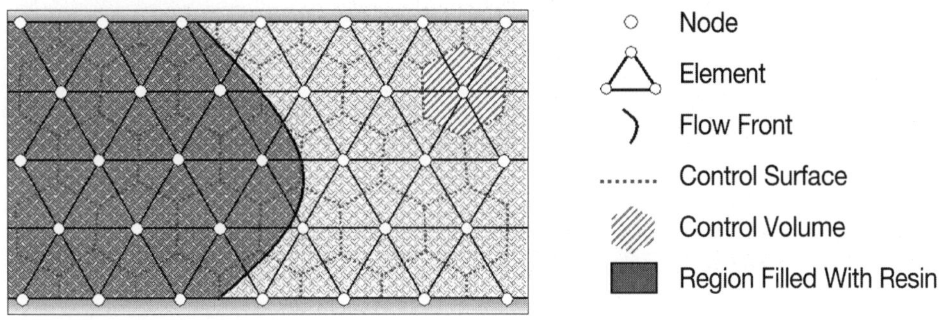

그림 3.30 유동해석에 사용되는 node, element, control volume (출처: 풍력핵심기술연구센터)

7) 블레이드 해석 예

하나의 해석 예로써 24.5L×2H×2.2W 크기의 750kW급 블레이드를 경우, 수치 해석 조건으로는 node 1,602개, element 2,930개, linear triangular를 사용하였다. 점도는 0.7 Pa•s, 압력 0.9 atm, flow media의 투과성계수는 $K_1=K_2=K_3=1\times10^{-7}m^2$이며 섬유 매트의 두께는 그림 3.31과 같이 50, 34, 16, 4mm이고 섬유 매트의 투과성계수는 $K_1=2.1\times10^{-11}m^2$, $K_2=1.3\times10^{-11}m^2$, $K_3=1.5\times10^{-12}m^2$ 이다.

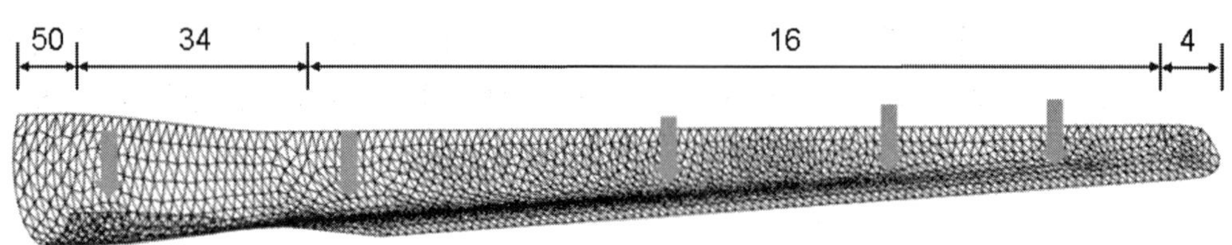

그림 3.31 블레이드 mesh 형상 (출처: 풍력핵심기술연구센터)

그림 3.32의 시간에 따른 유동 선단 수치 해석 결과를 보면 금형 상부에는 빠른 유동이 형성되고 서서히 금형 바닥면으로 충전해 감을 알 수 있다.

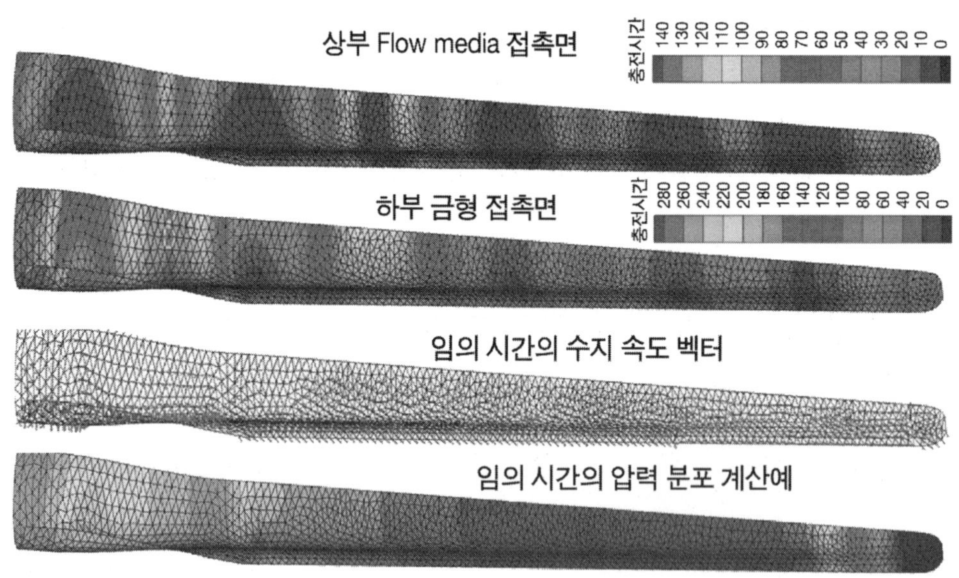

그림 3.32 수치해석 결과 (출처: 풍력핵심기술연구센터)

3.9 Infusion에 의한 블레이드 제조

1) 복합재 블레이드의 구조 및 기능

최근 대형 풍력터빈용 블레이드의 구조 개념은 높은 굽힘 하중과 원심력을 견딜 수 있도록 박스 빔(box beam)구조를 기본으로 하여, 공기 역학적 익형 형상을 만들어 주는 쉘 구조로 이루어진다. 그림 3.33은 전형적인 블레이드의 구조 단면도를 나타낸 것인데, 스파 캡과 전단 웹이 박스 빔을 구성하여 대부분의 굽힘 하중과 전단하중을 지탱하는 역할을 하며, 샌드위치 쉘 구조의 스킨이 공기력과 에어 포일 형상을 유지하는 역할을 한다. 스파 캡은 굽힘 하중에 대한 충분한 강성을 갖도록 주로 0° 의 섬유배열을 갖도록 하며, 전단 웹은 스파 캡 사이의 하중을 전이하고 전단하중에 대응하도록 주로 ±45° 의 섬유배열을 갖는다. 스킨은 블레이드의 형상 유지를 하고 ±45° 와 약간의 0° 의 섬유배열 적층구조를 가지고 있으며 이는 주로 비틀림을 지지하기 위함이다. 블레이드 구조 설계에서는 이러한 구조를 최대한 효율적으로 구성하여 최소의 재료로 최대의 강도 및 강성을 갖도록 하는 것을 목표로 한다.

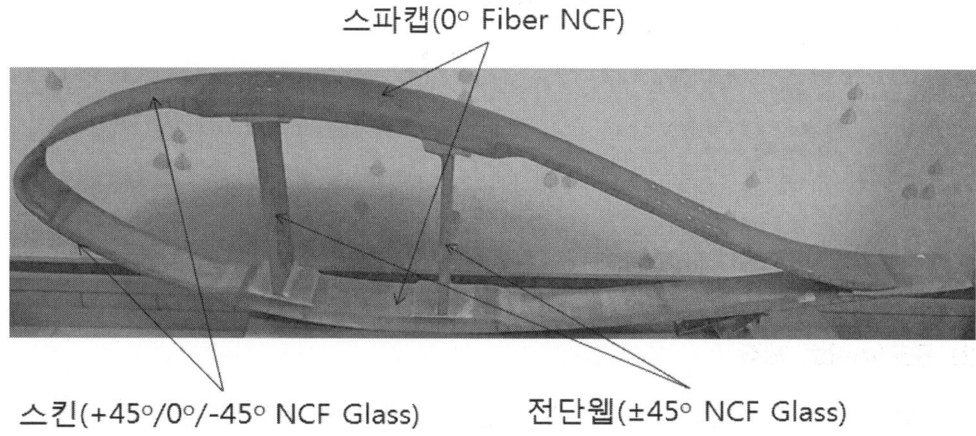

그림 3.33 블레이드 단면 구조 (출처: 풍력핵심기술연구센터)

2) Infusion 공정에 의한 블레이드 제조

복합재 블레이드는 전술한 바와 같이 그림 3.34처럼 다양한 공정에 의해 제조되고 있으나 현재는 환경 및 경제성의 이유로 infusion 공정에 의한 제조 방식이 prepreg나 wet layup 보다는 선호되고 있다. 블레이드는 부분품을 제조하고 이들을 결합하여 완성품을 만들게 되는데, 각 부위별로 보면 로터 허브와 연결되는 root부는 두께가 매우 두꺼운데 prepreg나 infusion 공정으로 두께를 분할하여 제조하고, skin이나 shear web은 core에 wood나 foam을 이용하여 prepreg나 infusion 으로 제조하고, spar는 블레이드에 걸리는 굽힘 하중을 주로 감당하므로 일방향 연속 섬유를 쓰게 되는데 이 경우 일방향 prepreg 적층이나 일방향 dry mat yarn을 wet layup 하여 제작한다. spar가 주요 하중을 대부분 감당하도록 설계가 이루어지므로 블레이드 경량화를 위하여 카본 연속 섬유를 spar 제조에 사용하려는 연구가 현재 진행 중이다. 블레이드는 장기간 자외선이나 외부 환경(기온, 수분)에 노출되기 때문에 이러한 영향들을 최소화하기 위하여 자외선 차단제(UV gelcoat)나 페인팅(PU paint, EP gelcoat)을 표면에 적용한다.

블레이드 제조 공정을 크게 보면 먼저 복합재 금형을 제작하고, 이를 이용하여 각종 블레이드 단품을 성형하며, 단품들의 접합과 후처리를 통하여 블레이드를 완성한다.

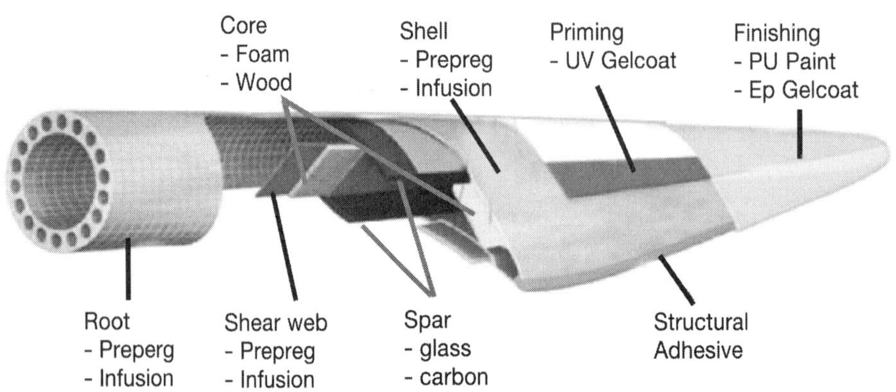

그림 3.34 블레이드 부위별 사용 재료 및 공정(출처: Gurit사)

3) 몰드(mold) 제작

먼저 제조한 블레이드 부분품을 최종 조립할 경우 한쪽 금형을 다른 쪽 금형 위에 올려놓고 각종 부분품들을 결합하기 때문에 상부 금형은 작업의 편의성을 위하여 가볍고 변형에 대한 억제력 다시 말해서 일정 크기의 강성 또한 필요로 한다. 일반적으로 복합재 블레이드는 길이가 수 십 미터(25 ~ 60m)에 이르기 때문에 기존의 금속 금형은 무게나 작업성, 가격 등에서 비효율적이다.

따라서 몰드를 복합재로 제작하는데, 먼저 negative template(목형, 플라스틱 대체재 등)를 제작(그림 3.35)한 후 dry mat를 적층하고, infusion으로 수지를 함침시키거나 wet layup으로 적층한 후 수지를 경화하여 쉘 구조를 제작한다(그림 3.35). 블레이드 제조시 섬유 매트에 함침된 수지 경화를 위한 가열 시스템을 금형 내부나 표면에 부착하고, 금형 외피에 지지 철 구조물을 설치하여 금형의 변형 방지 및 접합이 용이하게 한다.

1) 블레이드 목형 제작

2) Gel Coat 도포

3) 유리섬유 적층 및 infusion

4) Heating system 설치

5) Turn-over system 설치

몰드 제작 완료

그림 3.35 몰드제조 공정 (출처: KM사)

4) 블레이드 단품 성형

복합재료 단품들 성형에는 대체로 infusion이나 prepreg 적층의 경우 아래의 과정들을 대체적으로 거치게 된다.

- 금형세척과 이형처리 ⇒ 섬유 매트 적층 ⇒ 진공 bagging ⇒ 수지 함침/경화 ⇒ 탈형
- 금형세척과 이형처리 ⇒ prepreg 적층 ⇒ (진공 bagging) ⇒ 수지 경화 ⇒ 탈형

로터 블레이드의 단품 중에서 main load를 담당하는 곳은 spar cap으로 일방향 roving을 사용하여 제작하며, shell 중심에 삽입 후 shell 제작 시 co-cure한다. 블레이드 경량화나 효율 증대를 위하여 spar cap 재료로 통상적으로 쓰이는 glass yarn 대신에 carbon yarn을 이용하기도 한다.

한편 로터 블레이드의 root부는 매우 두껍기 때문에 한 번에 제작하기 어려워 root plug를 따로 성형한 후 co-cure나 co-bonding을 한다. Shear web은 보통 spar cap 위에 위치하며 2개를 사용하여 spar cap과 함께 box 형태를 이루고, 내부에 core를 삽입하여 샌드위치 구조로 제작한다.

Skin은 주요한 하중을 받는 부분은 아니지만 airfoil 형상을 유지하여 블레이드 효율 유지 및 향상의 기능을 한다. skin이 두꺼워질 경우 로터 블레이드가 매우 무거워지기 때문에 필요한 위치에 balsa wood나 PVC foam등 core를 삽입하여 샌드위치 구조로 제작한다(그림 3.36).

앞전(leading edge)이나 뒷전(trailing edge)에 사용하는 bonding plate는 구조적으로 크게 중요한 부분은 아니지만 로터 블레이드의 pressure part, suction part shell을 접착할 때 그 접착면적을 확보하여 분리되지 않도록 하는 기능을 담당한다.

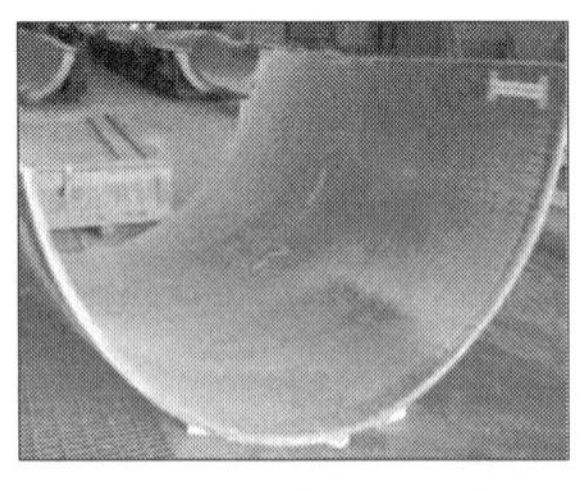
1) Root Plug 제작

2) Spar Cap 제작

3) Shear Web 제작

4) Shell 적층

5) Shell Infusion 제작

구성품 조립

그림 3.36 루트, 스킨, 전단웹제조 및 구성품 조립 (출처: ㈜ KM)

5) 부분품 결합

풍력블레이드는 일반적으로 크게 suction part shell(①), pressure part shell)②) 및 shear web(③) 3부분으로 구성(그림 3.37)되어 있는데, 이들을 각각 성형한 후 각 부품들을 에폭시 접착제를 사용하여 접착하며 접착 gap은 5mm 정도 둔다. 이 접착 gap이 너무 작으면 접착력이 감소하므로 적절한 gap이 필요하다. 각 부품의 접착 순서는 먼저 ②에 ③들을 c부분에 접착한다. 그런 다음 ①번과 연결시키는데 a, b 부분을 접착하면서 동시에 d부분을 접착한다.

대형 블레이드 부품(상하 shell)은 워낙 크기 때문에 부분품들을 결합할 때는 크레인을 이용하여 상형을 이동하여 하형과 결합하는 시스템을 구축하거나 hydraulic power hinge[19]를 사용하기도 한다.(그림 3.38) 일단 제작된 블레이드는 T 볼트를 이용하여 로터 허브와 기계적으로 결합시키는데 이를 위하여 블레이드 루트부에 T형 hole 가공을 한다. 가공(그림 3.39)은 기본적으로 $-\theta-z$ 3축 제어 드릴기(drilling machine)를 사용하면 가능하며 가공 분진 차단을 위하여 격리 공간이 필요하다.

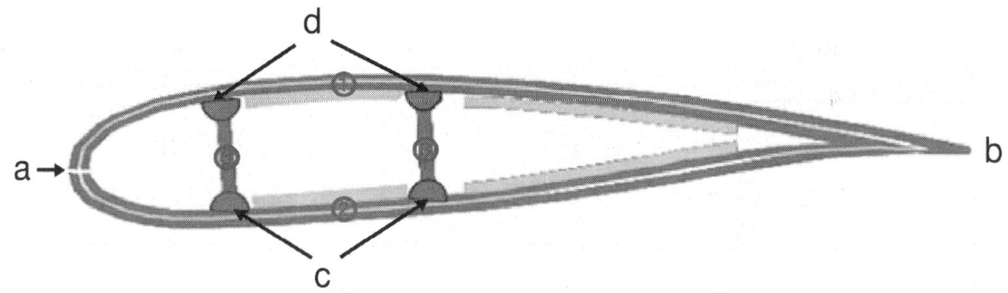

그림 3.37 풍력블레이드 접착 순서

그림 3.38 블레이드 결합 방식 : 유압 힌지 방식과 기중기 이용 방식

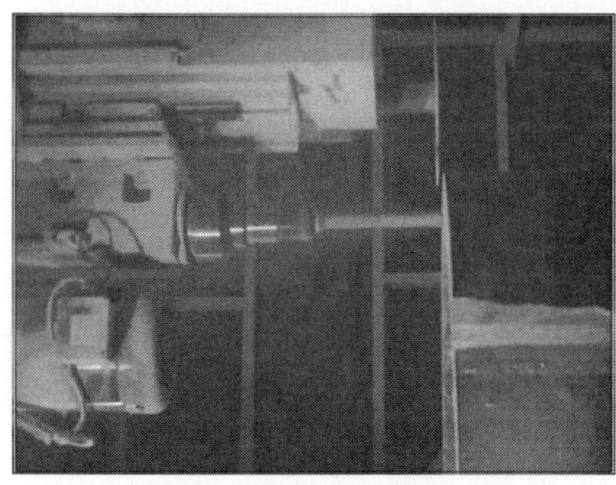
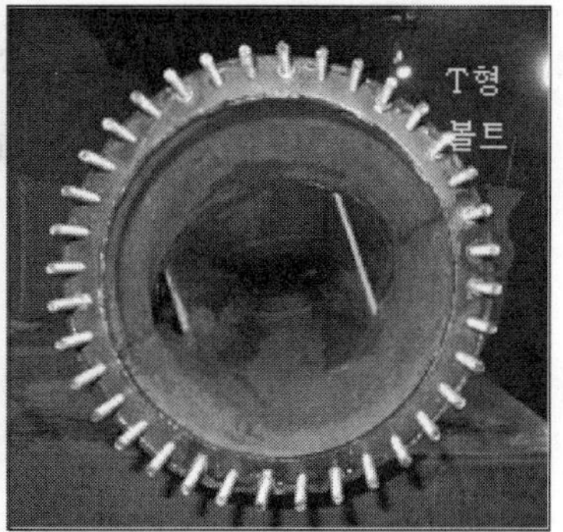

그림 3.39 T 볼트(블레이드와 로터허브 연결)의 가공 및 설치

6) 후처리 및 손상 수리

조립된 풍력블레이드는 gel coat나 페인트를 사용하여 표면 처리(그림 3.40)를 하게 된다. 블레이드는 외부 환경에 오랫동안 노출되기 때문에 고분자로 구성된 복합재료는 내후성(weatherability)이 문제가 된다. 특히 대기 중 산소에 의해 산화가 일어나 고분자 사슬이 분해가 촉진될 수 있다. 이를 방지하기 위해 UV를

차단할 수 있는 표면 처리제가 필요하며 블레이드와의 접착성도 우수해야 한다. 그리고 풍력터빈의 사용 연한 동안 벗겨지지 않아야 한다. 최종적으로 블레이드는 결함 존재 여부를 확인(그림 3.41)하기 위하여 음향검사, thermography, 초음파 검사 등을 수행한다. 운행 중에 손상된 블레이드는 수리를 하게 되는데 낙뢰에 의한 손상(그림 3.42)은 그 부위를 제거하고 동일 재료로 hand layup하여 수리하고, 앞전 부위 미소 충격 손상과 노화(degradation)에 의한 결함(그림 3.43)은 수지 필름이나 prepreg 필름 등으로 수리 가능하다.

그림 3.40 블레이드 페인팅

그림 3.41 블레이드 비파괴 검사

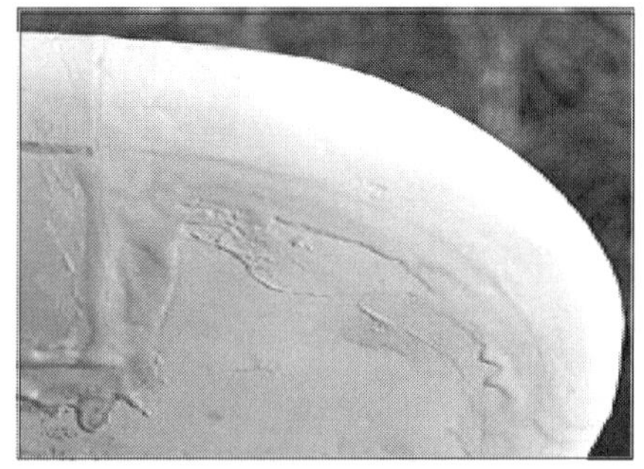

그림 3.42 낙뢰에 의한 Blade tip 손상 및 수리

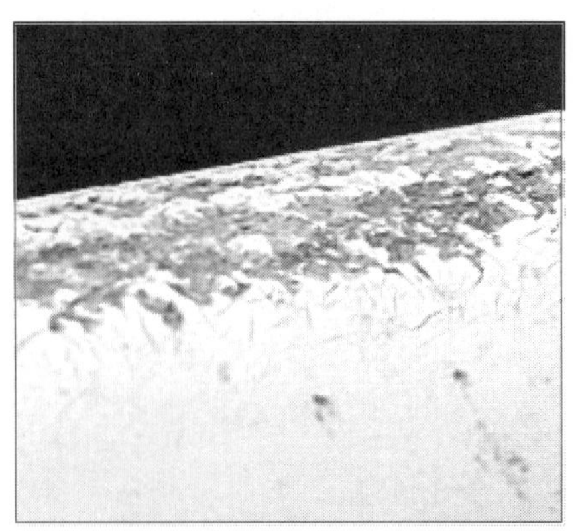

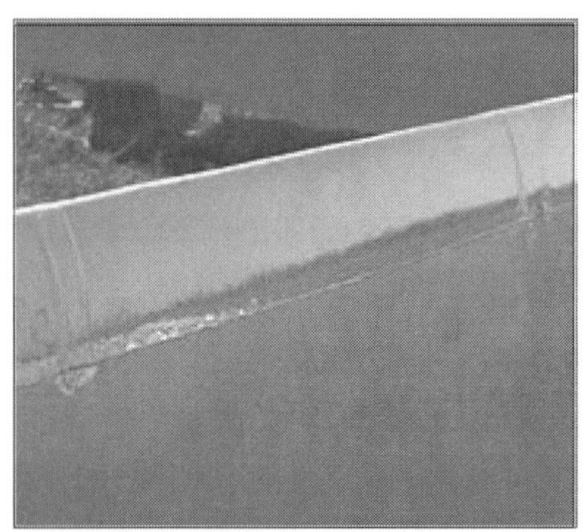

그림 3.43 Leading edge 손상 및 테잎을 이용한 수리

스피너 및 나셀 소재 4장

로터 허브(hub)는 블레이드와 발전기 주축을 연결하는 역할을 하는데 로터허브에는 피치베어링, 피치드라이브, 제어장치 및 보조배터리팩 등이 조립되어 있다. 이런 로터 허브 모듈을 외부에서 보호하는 복합재 부품이 스피너(spinner) 혹은 노즈콘(nose cone)과 허브커버(hub cover)이다. 스피너와 허브커버의 형상과 위치는 그림 4.1에 나타내었다. 여기에서 허브커버는 조립형이고 그림 4.2의 허브커버는 일체형임을 보여주고 있다.

스피너와 허브커버 소재 및 공정은 위에서 언급한 블레이드의 소재와 공정이 그대로 적용된다. 단지 구조적 설계측면에서 간단하고 기능이 단순한 보호역할을 하는 것이기 때문에 비교적 저렴한 재료와 공정을 도입하여 제조한다.

세부 구성재료는 폴리에스터 수지 혹은 비닐에스터 수지와 mat형태의 유리섬유를 사용하여 수적층(hand layup)공정으로 제조하는 것이 일반적으로 아래 나셀제조부분에서 다시 자세하게 설명하고 있다.

그림 4.1 스피너와 허브커버(조립형)의 설치 및 제작 부품의 보기

나셀(nacelle, 혹은 gondola)은 스피너 다음에 위치하며 바람의 운동에너지를 기계적에너지로 변환하고 발전기를 회전시켜 전기를 생산하는 부품들을 수용하고 보호하는 역할을 한다. 제조사의 사양에 따라 다르지만 MW급 터빈의 나셀은 길이가 10m 보다 크고 중량은 300톤에 이르는 부품을 감싸고 있다. 나셀의 내부에 있는 부품들은 기어박스, 발전기, 인버터, 유압설비, 베어링, 축 및 커플링, 브레이크, 냉각설비, 제어부 등이다.

그림 4.2 일체형 스피너 허브 커버(출처: Sintex-Wausaukee Composites Co.)

나셀은 수십미터 상공에 위치하며 다양한 자연환경에 노출되는 단면적이 비교적 넓은 구조물로써 바람, 자중, 눈, 얼음 등으로 인한 하중을 받게 된다. 특히 동적인 바람하중에 대비한 설계가 필요하므로 그림 4.3과 같은 예시의 하중조건 하에서 DNV-GL의 가이드라인에 의한 공력 하중 계산을 하게 된다. 인지하는 바와 같이 나셀은 기능보다는 형상이 중요하게 여겨지는 부품이므로 구조설계가 큰 비중을 차지하지 않고 있다.

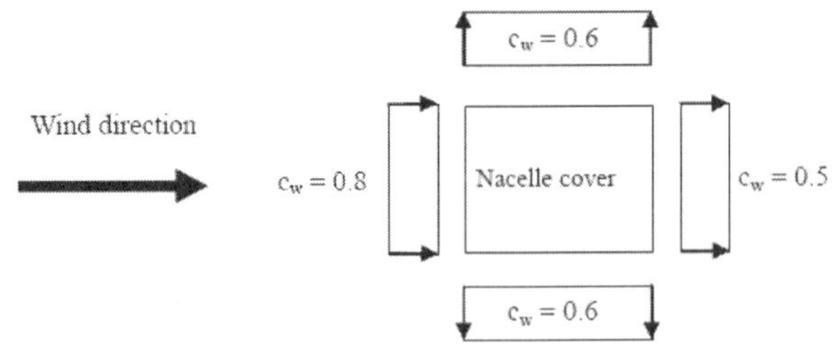

$$nd\,Load = \rho \times V2 \times 0.5 \times Ai \times Ci$$

ρ : 기밀도
V : 풍속
Ai : 단면적
Ci : GL설계계수

그림 4.3 GL의 바람에 의한 공력 하중 계산의 예[1]

나셀 및 스피너(그림 4.4)에 사용되는 재료로는 fabric mat, chopped strand mat를 혼용하여 사용하고 core(PVC 재료)를 삽입하여 샌드위치 구조로 단면 강성을 증가시킨다. 또한 운용중 발생하는 증속기 등 기계소음을 저감시키기 위하여 스폰지와 같은 방음소재가 내부에 사용된다. 사용되는 소재는 주로 유리섬유에 UP(unsaturated polyester, 불포화 폴리에스터), VE(vinylester, 비닐에스터) 수지를 사용하고 드물게 에폭시 수지를 사용하기도 한다. 나셀 및 스피너는 이와 같이 유기재료로 제조되기 때문에 어떤 이유에 의하여 발생될 수 있는 나셀 내부의 화재에 대비하여 화재의 급속한 확대를 늦추기 위하여 기본 수지로써 UP를 사용할 때 화염억제제(flame retardant)인 DMMP(dimenthyl methyl phosphate)를 첨가하기도 하지만 수지주입을 위한 적절한 저점도를 유지하기 어려운 단점이 있다.

그림 4.4 (a) 나셀 제작용 금형 및 나셀 (출처: 효성중공업)

그림 4.4 (b) 나셀 어셈블리 (출처: Sintex-Wausaukee Composites Co.)

제조공정은 주로 개구성형법(open mold method)인 hand layup 혹은 spray-up법이 주류를 이루고 있었으나 infusion(인퓨젼) 혹은 VARTM(진공수지주입)공정으로 변화하는 과정에 있다. 비교적 빠른 제조 싸이클 및 저가의 제조공정이 제조법 선정을 위한 주요 요인으로 작용한다. 일정한 품질과 치수안정성, 낮은 VOC(volatile organic chemicals)방출로 제조자의 건강 및 환경문제 를 고려하여

닫힌성형법(closed mold method)이 점차 사용되고 있다. 특히 인퓨젼 공법은 섬유함량을 높일 수 있고 장기적인 측면에서 보다 우수한 내구성 때문에 덴마크, 독일, 스페인 등 풍력선진국에서 주도적으로 활용하고 있으며 점차 중국에서도 확대되고 있다. 수지는 상온 경화하거나 금형 내부나 표면의 가열 시스템을 활용한다. 제조 과정은 블레이드의 제조와 마찬가지로 목형, 복합재 금형 제작, 부분품 제작, 부분품 결합 및 후처리 순으로 이루어지고 낙뢰방지를 위해 비금속 하우징은 피뢰침과 이에 따른 외부 도체를 설치하여 기기 지지부와 연결한다.

블레이드 시험평가 기술 5장

5.1 개요

풍력터빈의 대형화로 GW급 발전단지의 구축이 가능해졌지만, 다른 한편으로는 풍력터빈의 내구성에 대한 문제가 야기되고 있다. 그림 5.1은 풍력발전단지에서 발생된 풍력터빈 블레이드의 파손 사례를 나타내고 있다. 길이 수십 미터의 블레이드가 운영 중 파손될 경우 대형구조물의 추락에 의한 2차 피해가 나타날 수 있기 때문에 심각한 문제를 발생시킨다. 이를 방지하기 위해 필수 시험 항목이던 기존의 블레이드 정하중 시험에 추가로 IEC61400-22에서 블레이드 피로시험을 2010년에 강제화 시켰고, 더 나아가 IEC61400-23에서 잔류강도 검증을 위한 피로 후 정하중 시험을 2014년에 강제화 시켰다. 이러한 노력에도 불구하고 아직도 인증이 완료된 블레이드의 운영 중 파손이 세계적으로 매해 30건 이상 보고되고 있다. 따라서 문제해결을 위해 보다 정확한 블레이드 시험기술 개발이 필요한 상황이다.

그림 5.1 풍력발전단지에서의 블레이드 파손 사례

블레이드 인증시험은 풍력터빈의 개발에 있어서 반드시 수행해야할 필수 시험으로 크게 두 종류로 구분된다. 정하중 시험은 블레이드의 극한강도를 검증하기 위한 시험이며, 피로하중 시험은 블레이드의 수명을 검증하기 위한 시험이다(그림 5.2). 블레이드 시험관련 국제표준인 IEC61400-23에서는 블레이드 정하중 시험을 수행하여 극한강도를 검증한 후, 동일 블레이드에 대해서 피로하중 시험을 수행하여 수명을 검증하고, 마지막으로 다시 정하중 시험을 수행하여 잔류강도를 검증하도록 명시되어 있다.

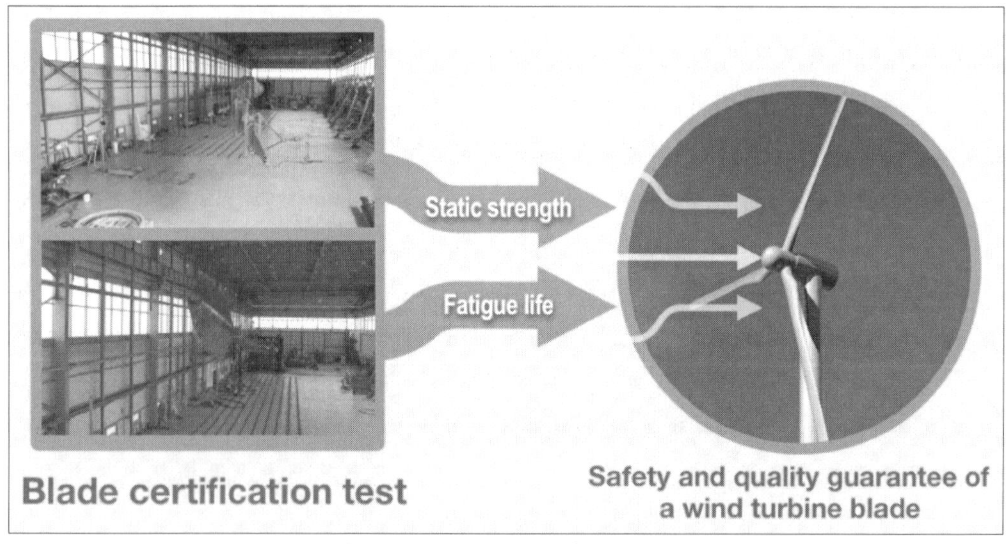

그림 5.2 블레이드 인증시험

블레이드 인증시험에 사용되는 목표하중은 다양한 바람조건에서의 풍력터빈 해석을 통해 구해진다. 육상풍력터빈의 하중해석은 국제표준인 IEC61400-1을 따라 수행되며, 고정식 해상풍력터빈의 하중해석은 국제표준인 IEC61400-3-1을, 부유식 해상풍력터빈의 하중해석은 국제표준인 IEC61400-3-2를 따라 수행된다. 정하중 시험의 목표하중은 다양한 하중해석조건에서 구해진 블레이드 각 위치별 극한하중 결과에 블레이드 간의 물성산포를 고려한 안전계수와 온도 영향에 따른 강도변화를 고려한 안전계수를 각각 곱해서 구해진다. 피로하중 시험의 목표하중은 다양한 하중해석조건에서 구해진 블레이드 피로하중을 동일한 피로 데미지를 발생시키는 일정진폭의 등가하중으로 변환시킨 후 블레이드 간의 물성산포를 고려한 안전계수, 파손발생 시 위험도를 고려한 안전계수, 등가하중 유도에서 발생되는 오차를 고려한 안전계수를 각각 곱해서 구해진다.

시험하중은 시험 중 발생되는 실제하중으로 목표하중에 최대한 근접한 목표하중 이상의 하중이다. 인증시험 전에 수행되는 시험해석은 이러한 시험하중을 발생시키는 최적의 테스트 셋업(test setup)을 찾는 과정이며, 테스트 셋업 및 해석결과를 포함한 테스트 플랜(test plan)은 인증기관으로부터 사전 승인되어야 한다. 블레이드 인증시험은 승인된 테스트 플랜을 따라 수행되며, 측정된 시험하중은 시험성적서(test report)를 통해 인증기관에 보고된다. 마지막으로 인증기관은 시험성적서 결과를 바탕으로 블레이드 인증서 발급여부를 결정하게 된다.

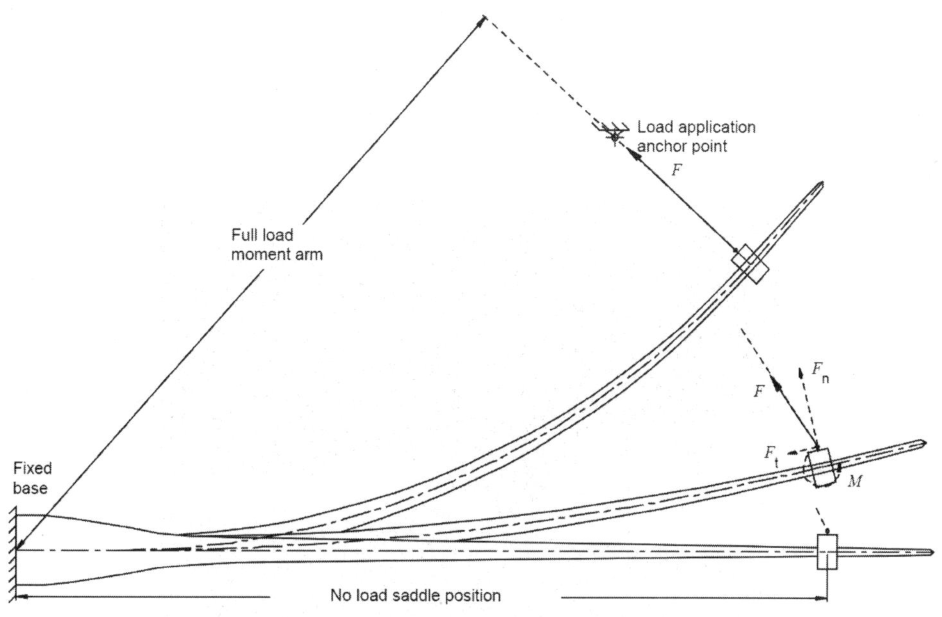

그림 5.3 블레이드 대변형을 고려한 정하중 시험의 원리

블레이드 정하중 시험기술의 원리는 그림 5.3과 같다. 정하중 시험의 목표하중은 블레이드에 걸리는 굽힘모멘트(beding moment)이다. 길이 60미터 이상의 블레이드는 최대 변형 시 블레이드 팁(tip)이 20미터 가까이 움직이기 때문에 비선형 거동을 하게 된다. 그림 5.3에서 보는 바와 같이 블레이드 대변형 후에는 모멘트암(moment arm)이 짧아지기 때문에 이 효과를 고려한 블레이드 위치별 굽힘모멘트를 계산해야 한다. 일반적으로 하중은 네다섯 군데의 서로 다른 위치에서 가해지며 블레이드의 최대 변형상태에서 하중이 블레이드 면에 수직이 되도록 위치시킨다. 블레이드 위치별 100% 시험하중은 이러한 분산된 하중이 일으키는 굽힘모멘트의 합력이다.

블레이드 피로하중 시험기술의 원리는 그림 5.4와 같이 공진현상을 이용하여 큰 시험 진폭을 구현하는 것이 핵심이다. 백만 사이클 수준에서 길이 60미터급 대형 블레이드의 피로시험을 진행하기 위해서는 건물 사오층 높이와 맞먹는 10~15미터 높이의 왕복운동이 필요하다. 일반적인 직접하중 부가방식으로는 이러한 대규모 변형을 구현하기 힘들기 때문에 구조의 공진현상을 이용하여 효율적으로 대규모 변형을 발생시켜야 한다. 공진에서 블레이드에 걸리는 시험하중은 앞에서 언급된 정하중 시험원리와 달리 외부에서 가해준 하중에 의해 결정되지 않는다. 공진은 외력이 없는 상태의 자유진동이므로 자유진동 형상을 의미하는 모드형상(mode shape)이 블레이드 시험하중 분포를 결정하게 된다. 시험하중을 조절하기 위해서는 모드형상의 조절이 필요하며, 이를 위해 블레이드 위에 적절한 양의 추가질량을 부착하여 블레이드에 걸리는 굽힘모멘트의 분포를 조절한다.

그림 5.4 공진을 이용한 블레이드 피로시험의 원리

5.2 블레이드 정하중 시험기술

1) 국내 동향

MW급 대형 블레이드의 인증시험을 수행할 수 있는 국내 유일의 블레이드 시험센터는 2011년 11월 전라북도 부안에 설립되어 한국기계연구원 부설 재료연구소에서 운영하고 있다. 부안 블레이드 시험센터 설립이전에는 그림 5.5에서 보는 바와 같이 실외에서 대형 크레인을 사용하여 휘플트리(whiffle tree)로 하중을 가하면서 블레이드 정하중 시험을 수행하였다. 이 방법으로는 하중방향을 정확히 조절하기 힘들뿐만 아니라 블레이드 위에 분포시킨 다수의 하중을 동시에 제어하는 것이 불가능하기 때문에 개략적인 시험만이 가능했다. 부안 블레이드 시험센터는 그림 5.6에서 보는 바와 같이 실내에서 다수의 윈치(winch)를 사용하여 수평방향으로 블레이드 정하중 시험을 수행하며 최대 70미터 블레이드까지 시험수행이 가능하다. 다수의 윈치는 측정된 하중신호를 바탕으로 동시에 제어되기 때문에 정확한 하중제어가 가능하며 윈치와이어(winch wire)의 높이를 조절하여 하중방향을 비교적 정확히 구현할 수 있다. 부안풍력시험센터는 2012년부터 2016년 상반기까지 48.3~ 68.0m 크기의 블레이드에 대한 총 6건의 정하중 시험을 수행하였다.

그림 5.5 휘플 트리(whiffle tree)를 이용한 블레이드 정하중 시험

그림 5.6 윈치(winch)를 이용한 블레이드 정하중 시험

2) 해외 동향

세계적으로 MW급 블레이드의 인증시험을 수행할 수 있는 블레이드 시험센터는 그림 5.7에 보는 바와 같이 분포되어 있다. 대다수의 블레이드 시험센터는 유럽에 위치하고 있으며 미국에는 3개의 블레이드 시험센터가 존재한다. 아시아의 경우 중국, 한국, 인도에 블레이드 시험센터가 존재한다.

그림 5.7 세계의 블레이드 시험센터

- 유럽

1980년대부터 블레이드의 실규모 구조시험을 시작한 유럽에는 다수의 블레이드 시험센터가 존재한다. 네덜란드의 WMC, 덴마크의 RISØ, 그리스의 CRES가 초창기 블레이드 시험기술 개발을 주도했으며, 풍력 선진국인 덴마크의 블레이드 및 풍력터빈 업체들은 RISØ에서 개발된 시험기술의 영향을 많이 받았다.

세계 1위 블레이드 제조사인 덴마크의 LM Wind Power는 그림 5.8과 같은 정하중시험 설비를 갖고 있으며 최대 80미터 블레이드까지 시험수행이 가능하다. 다수의 윈치를 사용하여 수평방향 정하중 시험을 수행하고 있으며, 블레이드를 장착하기 위한 시험설비인 테스트 리그(test rig)를 6개 보유하고 있다. LM Wind Power는 블레이드 정하중 인증시험 이외에도 블레이드의 극한강도를 직접 측정하기 위한 블레이드 파손시험 수행이력을 갖고 있다.

그림 5.8 덴마크 LM Wind Power 블레이드 시험센터의 수평방향 정하중 시험

유럽 1위 풍력시장을 갖고 있는 독일은 Fraunhofer IWES에서 2009년 블레이드 시험센터를 설립하였으며 최대 80미터 블레이드까지 시험수행이 가능하다. 그림 5.9에서 보는 바와 같이 IWES 블레이드 시험센터는 다수의 유압 액츄에이터를 사용하여 수직방향 정하중 시험을 수행하고 있으며, 2개의 테스트 리그를 보유하고 있다. 독일 풍력터빈 사인 Enercon은 그림 5.10에서 보는 바와 같이 IWES의 블레이드 시험방법을 도입하여 최대 70미터 블레이드까지 시험수행이 가능한 자체 블레이드 시험센터를 건립하였다.

그림 5.9 독일 Fraunhofer IWES 블레이드 시험센터의 수직방향 정하중시험

그림 5.10 IWES의 시험방법을 도입한 독일 Enercon 사의 블레이드 시험센터

세계 최대 해상풍력 시장을 갖고 있는 영국은 Offshore Renewable Energy Catapult (ORE Catapult, 구 National Renewable Energy Center(NaREC))에서 블레이드 시험센터를 블리스(Blyth)에 2002년 설립하였다. ORE Catapult는 그림 5.11과 같이 세계 최대 규모의 블레이드 시험설비를 보유하고 있으며, 다수의 윈치를 이용한 수평방향 정하중 시험을 수행한다.

그림 5.11 Offshore Renewable Energy Catapult (ORE Catapult) 블레이드 시험센터의 수평방향 정하중 시험

- 미국

1990년대부터 블레이드의 실규모 구조시험을 시작한 미국은 National Renewable Energy Laboratory (NREL)에는 시험기술 개발을 주도하였다. 그림 5.12와 같이 콜로라도 보울더(Boulder)에 위치한 NREL 산하 National Wind Technology Center에서 블레이드 시험기술을 개발해 왔으며, 그림 5.13에서 보는 바와 같이 MTS 사와 협력하여 블레이드 시험장비도 함께 개발하였다. 개발된 장비를 바탕으로 2011년 매사추세츠 보스턴(Boston)에 90미터급 블레이드까지 시험을 수행할 수 있는 Wind Turbine Testing Center를 설립하였다. 그림 5.14의 WTTC 시험센터는 다수의 유압윈치(hydraulic winch)를 사용하여 수직방향 정하중 시험을 수행하고 있으며, 3개의 테스트 리그를 보유하고 있다. 메인대학교(University of Maine)의 복합재료센터(Composites Center)에서는 2011년에 최대 70미터급 블레이드까지 시험을 수행할 수 있는 그림 5.15의 블레이드 시험센터를 설립하였으며 2014년 스페인 풍력터빈 업체인 Gamesa의 56미터 블레이드에 대한 정하중 인증시험 수행이력을 갖고 있다.

그림 5.12 미국 National Wind Technology Center (NWTC)의 수직방향 정하중시험

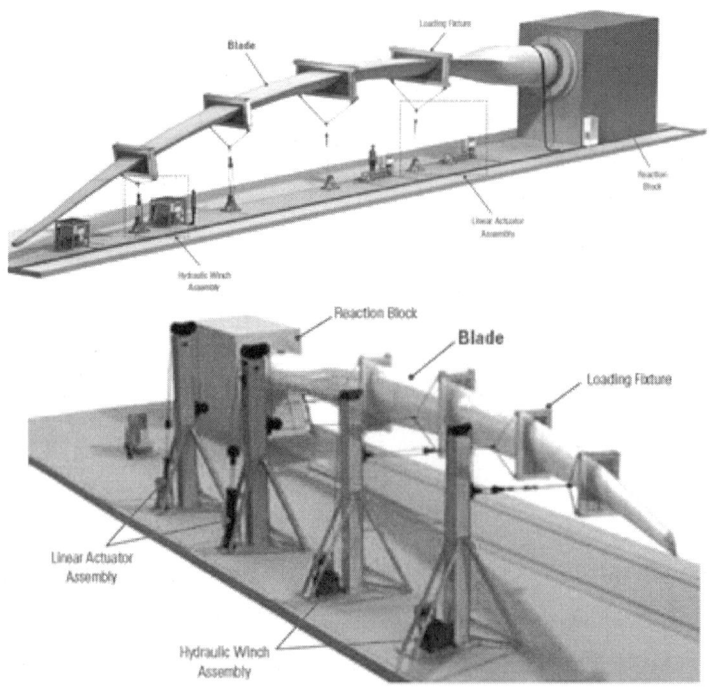

그림 5.13 미국 MTS 시험장비 제조사의 정하중 시험시스템

그림 5.14 미국 Wind Technology Testing Center (WTTC)의 수직방향 정하중시험

그림 5.15 미국 University of Maine 블레이드 시험센터의 수평방향 정하중 시험

- 중국

풍력산업의 후발주자이지만 세계 최대 시장을 갖고 있는 중국은 블레이드 시험기술에 있어서는 아직 낙후 되어 있다. 중국 1위의 블레이드 시험센터는 스위스에 본사를 둔 글로벌 시험평가 기업인 SGS의 Wind Energy Technology Center (WETC)이다. 최대 70미터 블레이드까지 시험을 수행할 수 있는 WETC는 2011년에 설립되었으며, 그림 5.16에서처럼 3개의 테스트 리그와 MTS 시험장비를 갖추고 있다. China General Certification Center (CGC)에서는 100미터 블레이드까지 시험을 수행할 수 있는 그림 5.17의 블레이드 시험센터를 2011년에 설립한 후 U.S. China Renewable Energy Partnership을 통해 미국 NREL로부터 블레이드 시험기술을 습득하기 위해 노력하고 있다.

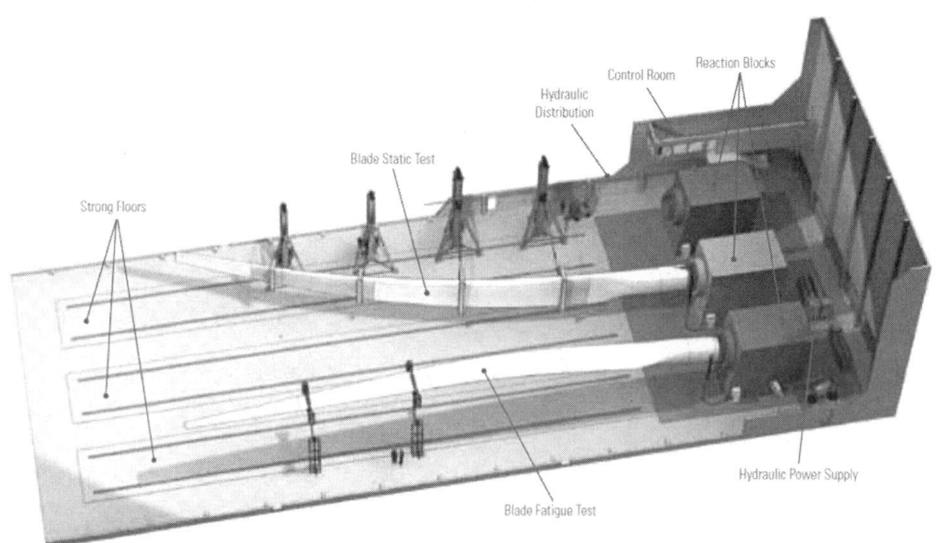

그림 5.16 중국에 위치한 SGS-Wind Energy Technology Center의 정하중 시험

대다수의 중국 블레이드 제조사 및 풍력터빈 제조사는 실외 테스트 리그를 이용하여 정하중 시험을 수행하고 있다. 중국 1위 블레이드 제조사인 Sinomatech Wind Power Blade는 실외 테스트 리그와 크레인을 사용하여 그림 5.18의 76미터급 블레이드 정하중 시험을 수직방향으로 수행하였으며, 중국 2위 블레이드 제조사인 LZ Blade는 실외 테스트 리그에 도르래와 윈치를 이용하여 그림 5.19의 62미터급 블레이드 정하중 시험을 수직방향으로 수행하였다.

그림 5.17 중국 China General Certification Center (CGC)에서 보유한 블레이드 시험센터의 수평방향 정하중 시험

그림 5.18 중국 Sinomatech Wind Power Blade 사의 수직방향 정하중 시험

그림 5.19 중국 LZ Blade 사의 수직방향 정하중 시험

5.3 블레이드 피로하중 시험기술

1) 국내 동향

국내 풍력터빈 블레이드 피로하중 시험은 2011년부터 시작되어 43.8~59.5미터급 블레이드 5건의 인증시험이 수행되었다. 국내 초기 블레이드 피로하중 시험은 그림 5.20에서 보는 바와 같이 40미터급 블레이드에 추가질량과 가진기를 장착한 후 플랩방향과 엣지방향에 대해 각각 피로시험을 진행하는 단축공진 피로시험이었다. 블레이드가 점점 대형화 되면서 보다 큰 시험 진폭을 보다 효율적으로 구현해야할 필요성이 커졌으며, 이를 위해 2012년에 페어링 (fairing) 기술이 개발되었다. 페어링은 블레이드 피로시험 중 공기유동에 의해 발생되는 에너지손실을 줄이기 위해 블레이드 팁 부근에 장착되는 초경량 구조물로 시험 진폭을 40%이상 증가시킬 수 있다. 2014년에는 55.6미터 블레이드에 그림 5.21과 같이 페어링을 장착한 후 플랩과 엣지방향 시험을 동시에 수행하는 이축공진 피로시험기술을 시험 장비와 함께 개발하였으며, 이 기술을 적용하여 세계 최초로 이축공진을 이용한 블레이드 피로인증 시험을 독일 인증기관인 DEWI-OCC와 함께 수행하였다. 현재 한국기계연구원 부설 재료연구소는 풍력터빈 블레이드의 이축공진 피로시험 기술에 있어서 세계 최고 기술을 보유하고 있다.

(a) 플랩방향 (b) 엣지방향

그림 5.20 블레이드 단축공진 피로시험 기술

그림 5.21 KIMS-WTRC의 블레이드 이축공진 피로시험 기술

2) 해외 동향

- 유럽

1984년 덴마크의 RISØ에서 그림 5.22와 같은 회전편심 질량을 이용한 탑재 방식의 장비를 사용하여 세계 최초로 블레이드 피로시험을 수행하였다. 이 장비는 공진현상을 이용하는 방식으로 편심 질량의 회전주파수를 블레이드의 공진주파수에 맞추어 회전시켜 블레이드 시험 진폭을 야기 시킨다. 이 기술은 현재에도 덴마크에 위치한 풍력터빈 블레이드 제조사와 시험센터인 그림 5.23의 Siemens, LM Wind Power, BLÆST 등에서 사용하고 있다.

영국 ORE Catapult는 회전편심 질량 대신 그림 5.24와 같은 선형 유압 액츄에이터를 이용한 공진시험 방법을 사용하고 있으며, 이는 덴마크 방식보다 진보된 시험 방법이다. 회전편심 질량을 이용한 시험방식은 진폭에 매우 민감한 공진주파수 부근에서 시험주파수를 조절하여 블레이드 시험 진폭을 조절해야하기 때문에 정밀한 진폭조절에 어려움이 많다. 하지만 선형 유압 액츄에이터를 이용할 경우 시험주파수 이외에도 액츄에이터의 스트로크 조절이 가능하기 때문에 보다 정밀한 시험 진폭 조절이 가능해진다.

그림 5.22 덴마크 RISØ의 회전 편심질량을 이용한 탑재 방식의 회전 가진기

또 다른 시험방식은 1986년 네덜란드의 Delft University of Technology에서 개발한 그림 5.25의 외부 가진기를 이용하는 방식이다. 개발 당시에는 공진을 이용하지 않고 직접 하중을 가하는 방식으로 시작하였으나, 블레이드가 점점 대형화되면서 공진 방식으로 변화하였다.

그림 5.23 덴마크 Siemens의 회전 편심질량을 이용한 탑재 방식의 회전 가진기

그림 5.24 영국 ORE Catapult의 유압 액츄에이터를 이용한 탑재 방식의 선형

현재는 Delft University of Technology에서 분리된 WMC에서 이 방식을 이용하여 블레이드 피로시험을 수행하고 있다. 독일의 Fraunhofer IWES 또한 외부 가진기를 이용한 방식을 적용하고 있다. 이 외부 가진기는 그림 5.26에서처럼 긴 스트로크(stroke)를 갖는 유압 액츄에이터로 구성되어 있다. 외부 가진기를 이용하는 방식은 외력을 직접 전달하기 때문에 회전 편심질량을 이용한 탑재방식의 회전 가진기나 유압 액츄에이터를 이용한 탑재 방식의 선형 가진기와 달리 이송질량의 관성력을 이용하지 않는다. 이송질량의 관성력을 이용할 경우 중력에 대한 일을 피할 수 없기 때문에 외부 가진기는 관성력을 이용한 탑재 방식의 가진기에 비해 효율적으로 블레이드를 가진시킬 수 있다. 하지만 외부 가진기를 이용하는 방식은 유압 액츄에이터의 오작동 시 블레이드를 파손시킬 위험성이 크다는 단점도 함께 갖고 있다.

그림 5.25 네덜란드 WMC의 유압 액츄에이터를 이용한 외부 가진기

그림 5.26 독일 Fraunhofer IWES의 유압 액츄에이터를 이용한 외부 가진기

- 미국

미국의 NREL은 1990년대에 회전 편심질량을 이용한 탑재 방식의 회전 가진기가 갖는 한계를 극복하고자 그림 5.27과 같은 유압 액츄에이터를 이용한 탑재 방식의 선형 가진기를 개발하였다. 미국 시험장비 제조사인 MTS와 함께 이 방식의 가진 구조를 더욱 개선하여 IREX라 불리는 그림 5.28의 시험장비를 개발하였으며 중국 및 스페인의 블레이드 시험센터에 IREX 장비를 판매하였다. 하지만 IREX 장비는 40미터 이상의 대형 블레이드의 피로시험을 수행하기에 장비용량이 충분하지 않아 GREX라 불리는 그림 5.29의 외부 가진기를 추가로 개발하였으며 이 장비 또한 중국 및 스페인의 블레이드 시험센터에 판매하였다.

그림 5.27 미국 NREL-NWTC의 유압 액츄에이터를 이용한 탑재 방식의 선형 가진기

그림 5.28 미국 WTTC의 유압 액츄에이터를 이용한 탑재 방식의 선형 가진기

그림 5.29 미국 WTTC의 유압 액츄에이터를 이용한 외부 가진기

- 중국

중국은 2014년 9월 중국 내 풍력터빈 인증에서 블레이드의 피로시험을 강제화 하면서 본격적으로 블레이드 피로시험에 관심을 갖기 시작했다. 초기에 덴마크의 회전 편심질량을 이용한 탑재 방식의 회전 가진기를 벤치마킹(benchmarking)하여 그림 5.30과 같은 장비를 개발하고자 노력하였으나 대형 블레이드에 적용하기에는 장비의 용량이 부족하였다. 이 후 그림 5.31에서처럼 미국 MTS사의 IREX 장비를 도입하여 블레이드 시험을 수행하였으나 이 장비 역시 40미터 이상의 블레이드 적용하기에는 장비의 용량이 부족하다. 현재 중국에서 블레이드 시험관련 국제표준인 IEC61400-23을 만족하는 피로시험을 수행할 수 있는 블레이드 시험센터는 SGS-WETC가 유일하다. SGS- WETC는 회전 편심질량을 이용한 탑재 방식의 회전 가진기와 미국 MTS사의 IREX 및 GREX 장비를 모두 보유하고 있다.

그림 5.30 중국 AVIC Huiteng Windpower Equipment 사의 회전 편심질량을 이용한 탑재 방식의 회전 가진기

그림 5.31 중국 Institute of Engineering Theromphysics, Chinese Academy of Sciences에서 도입한 미국 MTS사의 IREX 가진기

풍력발전기용 드라이브트레인 소재 기술

6장

6.1 사형 주조공정

주조공정은 특수용해주조, 사형주조, 정밀주조, 단결정 주조로 크게 분류된다[20]. 풍력터빈용 주조부품은 주로 대형부품으로 허브, 베드플레이트, 증속기 하우징 및 토크암, 주축, 피치/요 드라이브 하우징 등이 이에 해당되며, 풍력터빈용 부품은 대개 사형주조공정으로 제조된다.

사형주조는 원하는 모양의 제품을 얻기 위해 모래(또는 주물사)를 사용하여 만든 소정의 공간(주형공간)에 용융금속(또는 용탕)을 주입한 후 응고시켜 원하는 모양의 제품을 얻는 방법이다. 일반적으로 금속소재는 변형저항이 커서 원하는 모양으로 제작하기가 쉽지 않다. 사형주조공정은 주조방안 수립, 조형, 용해, 주입 및 후처리 순으로 진행되며 일반적인 주조품 생산공정은 다음 그림 6.1과 같다.

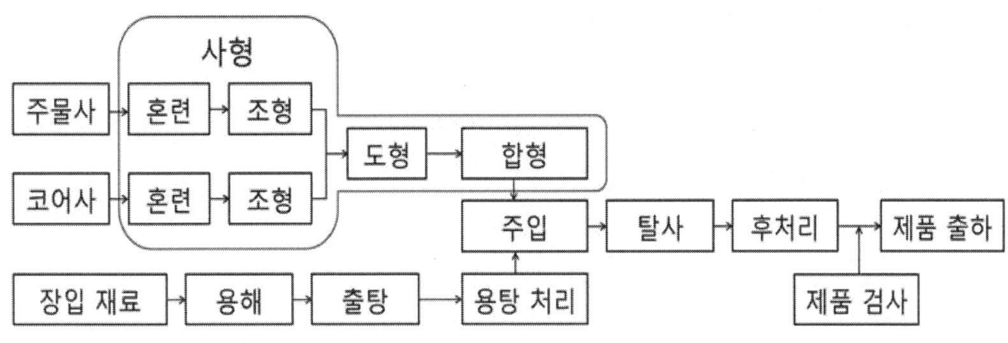

그림 6.1 주조제품 제조공정 (출처: 소재기술백서 2011, p 349)

6.2 허브, 베드플레이트 및 증속기 하우징

1) 허브(hubs)

풍력터빈의 허브 어셈블리는 로터 블레이드(rotor blade)에 작용되는 힘을 회전력(모멘트, moment)으로 변환시키는 모듈 혹은 부품으로 허브(hub), 3개의

블레이드와 연결되는 피치(pitch) 베어링과 피치 드라이브 등의 관련 단조부품으로 구성된다. 여기서, 허브는 로터 블레이드에 가해지는 높은 굽힘 모멘트(bending moment)로 인해서 용접법이 아닌 주조법으로 제조하게 되며, 그림 6.2에 허브의 자세한 모습을 나타내었다.

풍력산업에서 일반적으로 허브소재는 구상흑연주철(ductile iron, EN-GJS-400-18-LT(혹은 GGG40[21], EN 1563, 혹은 EN-GJS-350-22-LT)이 주로 사용되며[22-24], 그림 6.3에 구상흑연주철의 조직사진을 나타내었다. 이 재료는 저온 충격특성이 우수하고 공정성이 우수하여 풍력산업에서 많이 사용되고 있다. 재료의 조성과 특성은 제조사에 따라 약간씩 상이하지만 최소한 표 6.1과 같은 물성을 지닌다[21]. 소위 말하는 후육주철주조 제품으로 사형주조법(sand casting method)으로 제조된다. 이 주철을 사용하여 제조된 1.5MW ~ 2MW용량를 가진 허브의 경우 7 ~ 15톤의 무게를 가진다.

표 6.1 Typical ductile iron(DI) characteristics for windmill castings[21]

Test Coupon	DI grade(ISO 1083/SREN 1563)	Charact. Casting Section. t/e(mm)	Tensile strength (MPa) min	Yield strength (MPa) min	Elongation (%) min	Impact*(J)	
						23oC (-/RT)	-20oC (L/LT)
Separately Cast(Y26)	400-18 EN-GLS-400-18		400	250	18	14(11)	12(9)
Attached to castings	400-18A EN-GLS-400-18U	t<=30	400	250	18	14(11)	12(9)
		30<e<60	390	250	15		
		60<e<200	370	240	12	12(9)	10(7)

*V-notched Charpy impact, as average of three tests and as individual value(x), minimum accepted.

사형주조는 원하는 모양의 제품을 얻기 위하여 모래(또는 주물사)를 사용하여 만든 소정의 공간(주형공간)에 용융금속(또는 용탕을 주입한 후 응고시켜서 원하는 모양의 제품을 얻는 방법이다. 사형주조공정은 주조방안수립, 조형, 용해, 주입 및 후처리순으로 진행된다.

그림 6.2 풍력발전용 허브 (출처: 두산중공업)

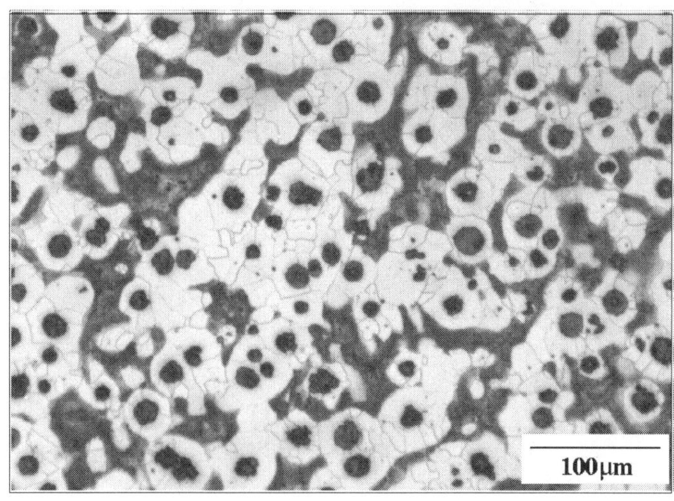

그림 6.3 구상흑연주철의 조직사진

허브 본체는 용해된 금속을 주형(mold)속에 부어 넣고 응고시켜서 원하는 모양의 금속제품으로 만드는 주조(casting)법으로 제조된다. 여러가지 주조공법이 있으나 사형주조법(sand casting method)으로 주로 제조되는데, 사형주조법은 주조공법에서 주형재료에 따른 분류되는 방법으로 소량이면서 대형기계부품을 제조하는데 사용되며, 대형 기계의 받침대(bed plate), 엔진블럭, 실린더, 하우징 등을 제작하는데 사용되는 공법이다.

사형(sand mold)을 만들기 위하여 주물사(혹은 주형사, molding sand)는 주로 저가이면서 고온에 견디는 실리카 모래(규사, SiO_2)가 사용되며 가스배출이 용이하도록 통기도가 우수하고, 고온에서의 균열을 예방하기 위한 일정한 강도를 지닌다[20].

우선 주형을 제작하기 위해서는 목재, 금속, 플라스틱, 석고 등을 이용하여 모형(pattern)을 먼저 제작하게 되는데 대개 목형을 많이 사용한다. 제품을 만들기 위한 주형상자(flask)에 의해 지탱되는 주형, 즉, 두 부분으로 구성되는 주형은 윗부분이 상형(cope)과 아래의 하형(draf)으로 구성된다. 주형상자를 조립한 후 주물사를 채워 넣고 다진다. 모형을 꺼내면 주형공간(mold cavity)가 생긴다.용탕은 용탕받이 또는 컵을 통해 주입되며 탕구와 탕도를 통해 주형공간으로 들어가게 된다. 이때 라이저(riser)는 수축으로 인한 부족분의 용탕을 보충하고 필요한 용탕을 저장하는 저장소 역할을 한다. 그림 6.4는 사형주조법을 이용한 주물의 제조과정을 보여준다,

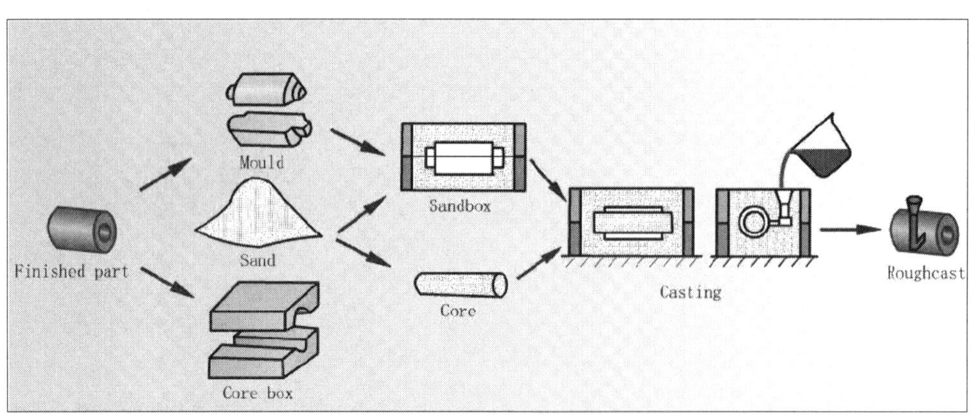

그림 6.4 사형주조 제조과정 예시 (출처: Zhingzhou Ming Xiang International Trade)

대부분의 사형주조를 위해서는 주물사로 실리카 모래(규사, SiO_2)를 주로 많이 사용한다. 모래는 값이 싸고 고온에 잘 견디므로 주형재료로 적당하다.

주물은 모형을 기본으로 해서 만들어지므로 모형이 좋고 나쁨은 주물의 품질을 좌우한다. 주조용 용탕의 기본요구조건으로써 주조성 특히 유동성은 필수적이다. 유동성이란 용탕이 응고가 일어나기 전에 좁은 채널을 흘러 들어갈 수 있는 능력이다.

코어는 주물의 내부표면이 형성되도록 주조하기 전에 주형공동부에 설치하고 공정이 끝나면 완성된 주물로부터 이를 제거 한다.

2) 주프레임(bedplate or main frames)

베드플레이트 혹은 주 프레임은 터빈의 가장 중요한 부품중의 한 가지로 주하중의 전달과 나셀의 장착부품으로 작용하는 기능을 가지고 있다. 달리 표현하면 주프레임 즉 베드플레이트는 높은 수준의 풍하중에서 발생되는 합성력과 토크에 노출되고 특히 나셀은 동하중하에서 작동한다.

로터에서 생성된 큰 하중은 주축(main shaft)을 통하여 주 구조물로 전달된다. 기어박스와 발전기의 베어링으로 부터의 반력(reaction load)은 하우징을 통하여 베드플레이트(bedplate)로 전달된다. 따라서 베드플레이트의 주요 기능은 드라이브 트레인 부품을 지탱하고 로터의 힘을 타워에 전달하는 것이다. 특히 운정중의 비상 정지와 같이 큰 순간하중(transient load)은 베드플레이트에 큰 하중을 가하게 되어 심각한 변형을 야기하거나 오정렬(misalignment)을 가져오게 된다[25]. 수백톤에 이르는 로터와 드라이브트레인의 중량과 운용중에 발생하는 동적하중에 견딜 수 있는 재료와 제조공법이 면밀하게 고려되어야 하고 재료의 정적 강도 및 강성, 동적강도가 고려되는 것이 필요하다.

터빈 제조사의 시장진입 전략과 터빈의 용량에 따라 베드플레이트의 재료와 제조방법이 다양하다. 로터에서 발전기까지 드라이브 트레인 전부품을 일체형 베드플레이트에 장착할 경우 주조법이나 구조용강 용접법으로 하는 방법이 있고, 증속기까지는 주조 베드플레이트를 발전기는 발전기 프레임을 제조하여 결합하는 하이브리드형태가 있다[26]. 주조법 혹은 용접법의 선택은 제품의 물량과 경제성을 고려하여 선택되고 있다. 또한 발전기(generator)의 위치 및 무게 등도 낫셀의 중량과 균형을 위하여 베드플레이트의 소재와 제조방법에 영향을 준다.

주조형 베드플레이트 혹은 주프레임(main frame)도 허브의 경우와 같이 대형 철구조물이므로 구상흑연주철이나 steel S235JR 혹은 S355JRJ2G3 소재를 이용하여 주조공정으로 제조된다.[26] 그림 6.5의 경우 무게가 약 7톤, 3.9m(L) × 2.3m (W) × 1.36m(H) 크기의 베드플레이트이다.

위에서 언급하였듯이 베드 플레이드는 대개 주조법으로 제조된 일체형이 많지만, 터빈제조사의 선택에 따라 전체 베드 플레이트를 용접형으로 제조하거나, 발전기를 지지하는 프레임은 용접에 의하여 제조되어 주조 베이스와 함께 조립되는 그림 6.6과 같은 하이브리드형이 있다. 용접형 베드 플레이트나 발전기 지지용 프레임은 구조용 강으로 만들어져 용접법으로 제조되어 일체형 베드 플레이트로 사용되거나 주조 베드플레이트에 조립된다. 이때 구조는 용접강 프레임과 요구되는 강성을 부여하기 위하여 길이방향과 크로스 빔으로 이루어진다. 용접부위에 사용되는 재료는 중공업에서 이용되는 DIN EN 10025-3이 주로 사용되고 극한강도(ultimate strength)는 550MPa 정도를 가지게 된다[25].

그림 6.5 주조 베드플레이트(Cast iron bedplate)

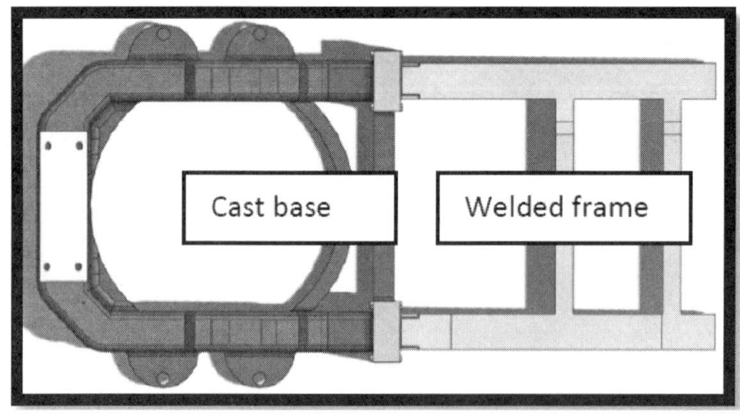

그림 6.6 하이브리드 베드플레이트 개념(500kW wind turbine hybrid bedplate concept)

전통적인 덴마크타입의 모듈형식의 풍력터빈에 대한 주조부품을 언급하였다. 하지만 증속기가 없는 기어리스타입의 풍력터빈의 개발도 많이 이루어지고 있어 베드플레이트의 개념도 변화되고 있다. 최근에는 나셀 조립체의 무게를 줄이기 위해서 복합재료로 베드플레이트를 개발할려는 시도도 있으나 아직 실용화에 이르지는 못하고 있는 실정이다[27].

그림 6.7은 모듈화의 변형된 형태의 주축과 증속기를 함께 지지하는 main carrier형상이 주조공법으로 제조된 예시이다.

그림 6.7 주조공법으로 제조된 main carrier의 예시(출처: 두산중공업)

그림 6.8과 같이 Enercon사의 경우 모듈형의 베드플레이트 역할을 하는 것이 main carrier이며 엑슬핀은 주축역할을 하는 것은 엑슬핀(axle pin), 허브와 블레이드의 연결 부위는 블레이드 어댑터(blade adaptor) 등이다. 이 것들은 모두 주조공정으로 제조됨을 알 수 있다. 참고로 그림 6.8에서 발전기용 지지구조물인 disk rotor나 stator ring은 용접 구조물이다.

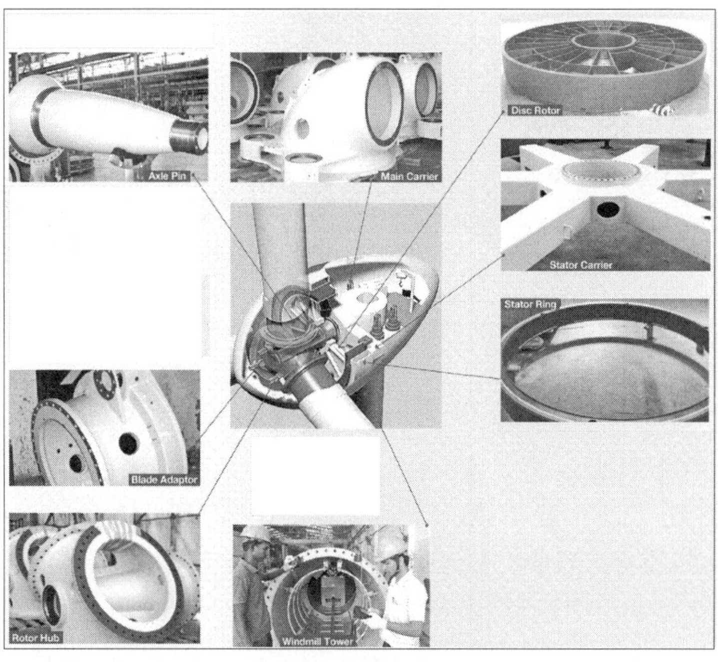

그림 6.8 기어리스형 풍력터빈의 주조부품의 예시(출처: Premier Ltd)

3) 증속기 하우징(gearbox housing)

증속기는 블레이드 축과 발전기 사이에 위치하면서 저속으로 분당 12 ~ 40회 회전하는 저회전 고토크의 블레이드 입력 동력을 분당 약 1,000 ~ 1,800 회전하는 속도로 증속하여 고회전 저토크의 출력 동력으로 변화하여 발전기에 전달하는 역할을 수행한다.

증속기는 입력축, 베어링, 다단 기어배열, 출력축, 하우징(housing), 윤활시스템으로 구성되어 있다. 본 절에서는 주조공정과 관련하여 증속기의 구성 부품들이 조립되고 감싸는 증속기 하우징에 대하여 알아본다. 증속기 하우징은 작동중인 부품을 지지하고 외부환경으로부터 기계적으로 보호하며 부품이 담겨 있는 윤활유를 가두는 용기(container)이다.

증속기 하우징(그림 6.9(a))은 베드플레이트에 조립되어 블레이드의 축으로부터 전달되는 하중을 분산하고 전달한다. 하우징의 일부인 토크암(torque arm, (그림 6.9(b))는 중공형 주축에 조립된 기어의 반력토크(reaction torque)를 지지하기 위하여 사용된다. 이 때 발생하는 토크는 인장응력 뿐 아니라 축력에도 견디어야 한다. 여기에 사용되는 재료와 공정은 앞의 허브나 베드플레이트와 동일하다.

그림 6.9 증속기 하우징(a) 및 토크암(b)

6.3 단조공정

단조기술은 여러 가지 금형 및 공구로 소재에 압축하중을 가하여 성형하는 공정으로, 각종 금속소재를 다양한 크기와 형상을 가진 제품으로 성형하는데 사용된다. 간단한 단조공정은 전통적으로 대장간에서 작업한 것과 같이 무거운 손 해머와 모루(엔빌, anvil)를 사용하지만 현대화된 단조공정은 금형셋, 프레스나 기계해머

등 관련 설비를 사용하여 동일형상의 제품을 대량생산한다. 참고문헌(소재기술백서 2011, p 474)의 단조기술 분류를 아래 표 6.2에 다시 언급한다. 풍력터빈에 사용되는 단조부품은 축, 기어, 베어링 등의 제품으로 자유단조(open-die forging)-열간단조(hot forging)-링롤링(ring rolling)의 범주에 해당한다.

표 6.2 단조공정의 분류[20]

대분류	세분류	내용(범위)
금형의 사용여부	자유단조	• 평평하거나 간단한 형상의 앤빌 사용, 소재는 구속받지 않고 성형 • 주로 선박, 발전 등 대형 제품의 단조공정에 적용
	형단조	• 일정한 형상을 갖는 금형에 소재를 넣고 가압하여 금형 형상으로 성형 • 대량생산 가능한 소형 제품에 적용, 자동차 부품과 같은 안정한 품질이 요구되는 제품 생산에 효과적
작업온도	열간단조	• 재료를 가열하여 재결정온도 이상에서 단조하여 변형저항이 작음 • 스케일에 의한 거친 표면과 치수공차 등에 의해 기계가공 필요
	냉간단조	• 상온에서 수행하므로 정밀도가 높고 고강도의 소형 제품 단조에 적용 • 고생산성 및 자동화로 인해 대량생산 용이
	온간단조	• 소재 녹는점의 중간 온도에서 수행, 스케일이 없고, 재질개선이 필요한 제품 생산에 적용
특수 단조	롤단조	• 다양한 형상의 롤을 사용하여 임의 형상의 단조 제품 생산
	궤도단조	• 일정한 궤도로 중심축을 흔들며, 점진적으로 소재를 압축하여 단조
	회전단조	• 외경을 줄이거나, 가변 형상의 제품 단조
	링롤링	• 링 소재의 내외경을 확대하여 내외경 대비 상대적으로 낮은 높이의 링 제품 성형
	유동성형	• 롤러 경로에 의해 소재와 점진 접촉함으로써 원하는 형상의 제품 성형

자료 : ASM International, ASM Handbook Metalworking: Bulk Forming, 2005

(출처: 소재기술백서 2011, p. 474)

풍력발전기에는 8천개이상의 부품으로 이루어져 있는데, 본서에서는 핵심부품 중에 단조품 위주로 소개한다.

풍력발전기 부품 중 단조품은 그림 6.10과 같이 로터 블레이드의 회전 에너지를 증속기에 전달하는 핵심부품인 주축(main shaft, rotor shaft),주축의 회전 및 지지 역할을 하는 주축베어링(main bearing), 블레이드의 각도를 조절하는 장치인 피치시스템(pitch system)내의 피치베어링(pitch bearing),블레이드와 연결된 너셀(nacelle)정면을 바람이 불어오는 방향으로 향하게 하는 요시스템(yaw system)내의 요베어링(yaw bearing),블레이드 회전수를 발전기용 고속회전으로 변환하는 역할을 하는 증속기(gear box)내의 각종 gear류, 주축과 증속기를 체결해주는 쉬링크 디스크(shrink disc, low speed coupling) 및 tower 이음새 역할을 하는 타워플랜지(tower flange)등으로서 주로 높은 기계적 특성을 요구하는 핵심부품에 적용되고 있다.

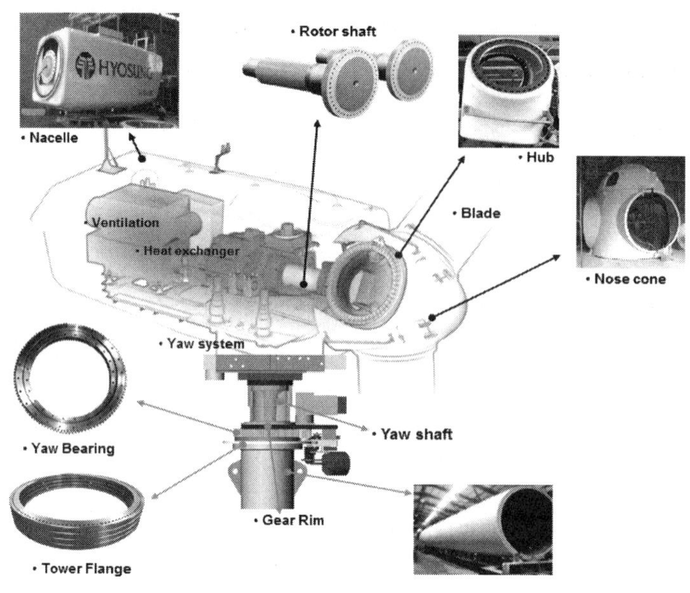

그림 6.10 풍력발전기 핵심부품 소개

1) 단조부품의 제조공정(parts by forged process)

풍력발전용 소재부품, 특히 단조품의 경우 그림 6.11에 나타낸 바와 같이 주로 자유형 단조와 링단조 및 링압연공정에 의해 제조된다. 이때 샤프트(shafts)류의 경우 소재의 잉고트상태에서 가열로에 장입하여 목표한 가열온도로 가열한 후 업셋팅공정과 코깅공정을 거쳐 충분한 단련비를 가하는 잉고트 파쇄공정을 거친 후 자유형 단조에 의해 제조하게 된다.

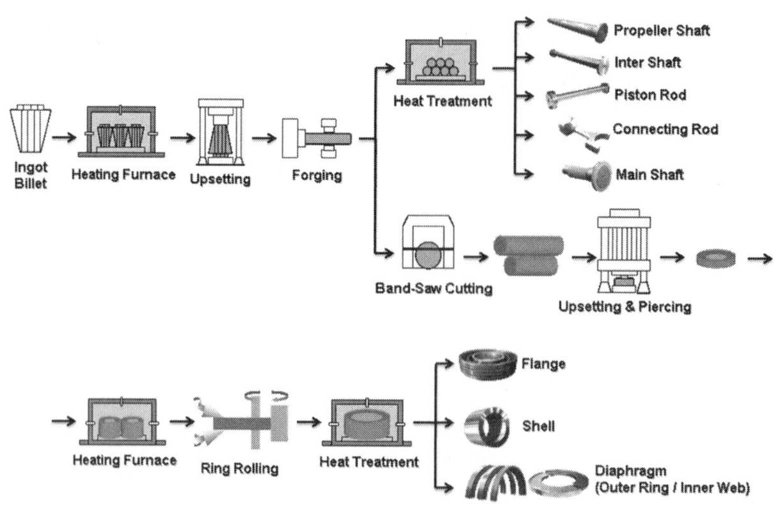

그림 6.11 풍력발전용 주요 단조부품의 생산공정도

한편, 링부품 제조의 경우 과거에는 링단조 혹은 멘드렐 단조에 의해 수행해 왔으나, 현재는 대부분 링압연공정에 의해 링부품을 제조하고 있다.[28] 링압연공정은 링단조공정에 비해 작업 속도가 빠르며, 온도유지가 가능하며, 수율향상 등을 꾀할 수 있고, 특히 결정립 유동선(grain flow line)이 원주방향으로 끊기지 않고 연속적으로 형성되기 때문에 우수한 특성을 발현할 수 있는 장점을 가진다. 본 절에서는 풍력발전용 단조부품의 제조공정에 대해 보다 자세히 다루고자 한다.

2) 자유형 단조공정(free forging process)

자유형 단조는 풍력발전용 대형단조부품에서 거의 대부분 활용되고 있으며, 먼저, 잉고트(ingot) 및 슬라브(slab)상태의 소재를 내·외부가 균일하도록 목표온도로 가열하게 된다.

이때, 소재에 따라 다소 차이는 있으나 탄소강의 경우 통상 소재의 지름을 기준으로 30min./inch정도의 유지시간이 적용되며, 경우에 따라 스텝(step)가열을 수행하기도 한다. 그 후에 잉고트(ingot) 및 슬라브(slab) 등으로부터 업셋팅(upsetting), 코깅공정을 통한 잉고트 파쇄공정 및 단조형상 구현을 수행한다. 이때 업셋팅공정은 소재의 단면적을 늘리는 작업으로 주로 후속공정의 단조비 확보를 목적으로 하며, 후자인 코깅은 소재의 길이를 늘리는 작업으로 내부 단조효과 부여와 제품 형상화 등을 목적으로 수행한다.

그밖에 단조품의 단차 형상을 만들기 위해 3각형 지그를 이용하여 일정 깊이의 홈을 만드는 작업인 단차구현(necking)공정과 강괴의 불건전부(주로, 잉고트의 상·하부)를 제품에 혼입되지 않도록 절단하는 절단(discarding)공정, 대형 링부품의 제작공정인 링단조와 링압연공정 등도 자유단조의 종류로 분류되어 여러 풍력발전 부품을 제조할 때 응용되고 있다. 대표적인 자유형 단조의 종류[29] 등이 그림 6.12에 제시되었다. 다음 절에서는 현재, 대형 링부품 제조공정에 주로 활용되고 있는 링압연공정에 대해 자세히 다루고자 한다.

(a) 코깅(cogging) (b) 업셋팅(upsetting)

(c) 단차(necking) (d) 절단(discarding)

그림 6.12 풍력발전용 단조부품 제조를 위한 자유단조의 여러 종류들

3) 링압연공정(ring milling process)

링압연공정의 절차는 그림 6.13에 제시된 바와 같이, 먼저, 자유형 단조에서 설명된 잉고트 파쇄(ingot breakdown)공정을 거쳐 잉고트상태의 조대한 결정립과 주조조직을 미세화하고, 표면가공을 통해 빌렛을 제조하게 된다.

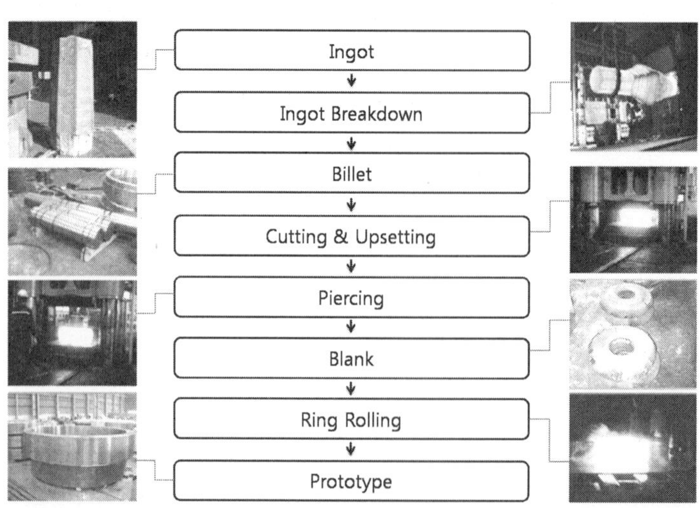

그림 6.13 풍력발전용 주요 단조부품의 링압연 제조공정 순서도

이러한 빌렛을 활용하여 초기 링형상 즉, 블랭크(blank)를 제작하게 되는데, 이러한 블랭크 설계는 최종제품의 형상과 표면결함의 발생여부를 결정할 수 있는 중요한 단계이다. 블랭크는 빌렛을 부피계산에 의해 일정 크기로 절단하고, 가열과 유지를 한 다음 업셋팅공정을 거쳐 미리 준비된 펀치를 이용하여 내경을 피어싱(piercing)한 후에 피어싱된 내경 표면을 가공하는 순서로 제작된다. 제작된 블랭크를 이용하여 링 압연공정을 거쳐 풍력발전용 플랜지, 요, 피치링 등의 풍력발전용 소재부품을 제조하게 되며, 최종적으로 제조된 링부품은 열처리와 기계가공을 통해 최종 부품으로 생산하게 된다.

4) 링압연공정의 형상설계

링압연공정 형상설계[30]의 경우 가장 먼저 실제 링제품으로부터 링압연공정을 위한 형상으로의 변환이 진행되어야 하며, 링압연품의 형상은 식(6.1)과 같은 관계에 따라 링압연 성형품의 세 가지 표면부 허용치를 고려하여 결정하게 된다.

$$OL \quad F + F_2 + F_3 \tag{6.1}$$

여기서, F_1은 피할수 없는 표면결함, F_2는 링직경의 팽창, F_3는 링 높이 또는 두께의 팽창율 등과 관련된 허용치를 의미한다.

한편, 링압연공정에서 초기 형상(preform), 즉 블랭크(blank) 등의 형상설계는 링압연공정에서 링두께의 감소율과 높이 감소율이 거의 균일하게 유지하도록 하기 위한 계산방법에 따라 이루어져야 하며, 만일 이를 충족시키지 못할 경우 그림 6.14에 제시된 여러 형태의 형상결함과 fishtail과 같은 결함이 발생할 수 있다.[30]

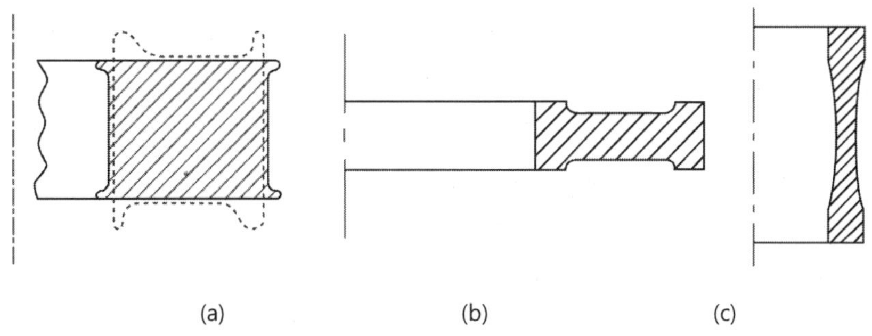

그림 6.14 링압연공정의 여러 결함들; (a) fishtail 표면결함 (b) 와셔형태(washer-type) 형상결함 (c) 슬리브형태(sleeve-type) 형상결함

링압연공정에서 자주 발생되는 fishtail, folder 등의 표면결함을 최소화하기 위한 조건으로 링의 두께와 높이사이의 관계를 정의하는 다음과 같은 관계식이 활용된다.

$$^2 - b_1^2 = h_2^2 - b_2^2 \tag{6.2}$$

$$b_1 = \frac{d_{1o} - d_{1i}}{2} \tag{6.3}$$

$$b_2 = \frac{d_{2o} - d_{2i}}{2} \tag{6.4}$$

여기서, h는 링의 높이, b는 링의 두께이며, 아래첨자 1과 2는 각각 블랭크와 최종 링의 치수를 의미한다. 또한 아래첨자 o와 i는 각각 외경과 내경을 의미한다. 일반적으로, 링압연공정에서 피어싱(piercing)을 위한 펀치가 구비되어 있기 때문에 블랭크의 내경(d_{1i})은 자동적으로 결정된다. 따라서, 블랭크의 크기는 높이(h_1)와 외경(d_{1o})의 계산을 통하여 결정할 수 있으며, 식(19.2)에 나타낸 부피분율이 일정하다는 가정과 함께 다음과 같은 관계식을 얻을 수 있다.

$$\frac{d_{2o} + d_{2i}}{2(d_{1i} + b_1)} = \frac{b_1}{b_2} \quad 1 - \frac{b_2}{h_2}\Big)^2 + \left(\frac{b_1}{h_2}\right)^2 \tag{19.5}$$

결국, 이러한 계산방법에 의해 초기 블랭크 크기를 결정할 수 있다.

5) 링밀 및 링압연공정

링압연공정 장비 즉, 링밀(ring mill)은 수직식, 수평식 링밀과 함께 링의 형상을 구현하는 여러 맨드렐(mandrel)을 구비하고 있는 다중 맨드렐 링밀 등 다양한 종류가 있다. 과거 수평식 장비는 맨드렐에 의한 원주방향의 성형만을 수행하는 단일과정(single pass) 링밀이 주류를 이루었으나, 지금 현재는 원주방향의 성형과 함께 높이 감소를 꾀하는 두 가지 과정(two pass)을 수행하는 링밀이 대부분을 차지하고 있다. 이중 가장 많이 활용되고 있는 수평식 링밀에 대해 살펴보고자 한다. 그림 6.15는 지금 현재, 국내 링 생산업체에서 사용되고 있는 전형적인 수평식 링밀을 나타낸 것이다. 장비의 구성은 구동력을 공급하는 회전롤(main roll), 공회전을 하면서 소재에 반경 방향의 성형하중을 가하는 맨드렐(mandrel), 소재의 축 방향 소성변형을 제어하는 축롤(axial roll) 등으로 이루어져 있다. 이 장비에서 블랭크(blank)는 맨드렐과 회전롤 사이에 놓이며, 회전롤을 회전시키면서 맨드렐로 압축을 가하여 롤간의 거리를 좁힘에 따라 링의 두께가 얇아지게 된다. 이때 소재의 체적은 변형을 받는 동안 일정하므로, 링의 두께가 얇아지는 것은 링의 직경이 증가됨으로 보상된다.[31]

그림 6.15 수평식 링밀의 개략도

6.4 정밀가공공정

풍력터빈의 드라이브트레인의 구성부품은 주로 단조소재의 기계적 가공을 통하여 최종 제품으로 탄생하게 되는데 주로 형상은 대형 rod형상 혹은 링형상(ring shape)의 구조물이다. 이에 더하여 링형상의 가공이 끝나면 내외치형의 기어가공이 추가된다. 아래 그림 6.16은 단조소재가 가공공정을 위하여 machine shop에 입고된 후에 거치는 간단한 흐름도이다.

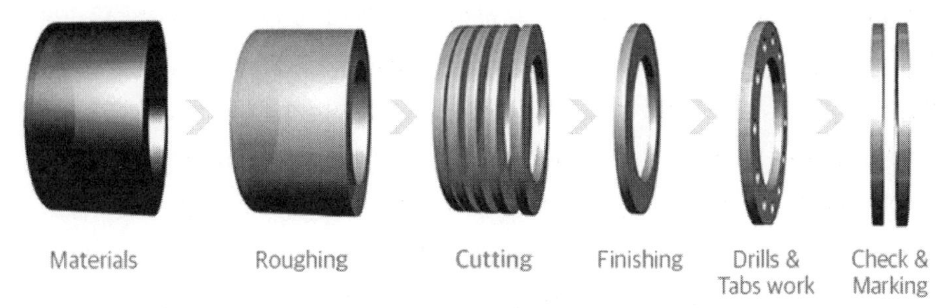

그림 6.16 Flange 제조공정(출처: ㈜삼덕정공)

다시 말해서, 그림 6.16은 풍력타워 플렌지(flange), 기어링, 베어링, 앤드링, 레인포스드 링, 하프링 등을 제조하는 공정의 일부를 나타내고 있다. 단조공정으로부터 제공된 링소재(ring type materials) 황삭(rough machining)을 거치고 절단공정(band saw, vertical or horizontal cutting)을 거친 후에 CNC Machine Center와 같은 가공기계를 활용한 정밀가공후에 드릴링공정으로 플렌지를 완성한다. 기어링과 베어링의 경우 드릴링공정 대신에 CNC에 기반을 둔 호빙머신

(hobbing machine), 밀링기(milling machine), 셰이퍼(gear shaper machine), 슬로터(slotting machine), 등으로 기어를 가공하는데 특히 가공속도 및 정밀도 등 을 고려할 때 호빙머신을 많이 활용하고, 기어의 강도 강화를 위하여 그림 6.17과 같이 고주파열처리(induction hardening treatment)를 거친다.

그림 6.17 기어의 고주파열처리(induction hardening treatment) 공정
(출처: Formosa Heavy Ind. Co. 2016)

1) 기어트레인 부품의 기계가공

기어트레인 및 드라이브트레인을 구성하고 있는 허브, 피치시스템, 저속 및 고속축, 기어박스, 발전기, 요시스템과 타워 및 구성 부품 등의 금속소재(materials)와 공정(manufacturing processes)에 대하여 정리하여 왔다. 이 부품들은 원재료를 주조와 단조공정으로 최종부품의 형상에 근접하게 제조된다. 하지만 풍력터빈에 조립되는 최종 부품으로 되기 위해서는 정밀한 기계적 가공(mechanical machining)를 거쳐야 한다. 본 절에서는 대표적이며 복잡한 부품중의 하나인 링 기어의 가공 공정을 서술함으로써 위의 부품들에 사용되는 가공공정을 이해하고자 한다.

링밀(ring mill) 및 링압연공정을 거쳐 제조되어 기계가공 공정을 위하여 황삭을 거쳐 제공된 소재는 그림 6.18과 같다. 피치베어링의 경우 외륜과 내륜 그리고 볼베어링 혹은 롤러베어링, 리테이너(retainer 혹은 cage), 씨일(seal 혹은 gasket) 등으로 구성된다. 그림 6.19는 피치베어링과 구조가 유사한 선회베어링(slew bearing)의 구성부품을 보여주고 있다. 우선 외륜과 내륜의 가공공정에 대하여 알아본다. 매우 가공공정과 기술에 대한 매우 상세한 설명은 본 교재의 범위를 넘기 때문에 개략적인 설명에 그친다.

그림 6.18 링베어링 가공을 위하여 입하된 단조 소재: 출처: Rikard Metals

그림 6.19 선회베어링 구성부품(외륜, 씨일, 리테이너, 내륜): 출처: Kaydon Slewing Ring Bearings

2) 외륜과 내륜의 가공

일반적인 금속의 가공공정과 같이 황삭(rough machining), 중삭(semi-finish), 정삭(finish machining)의 과정을 거친다. 특히 기어를 가공하기 위해서는 호빙머신(hobbing machine)이나 세이빙머신(gear shaving machine)이 사용된다. 기어의 가공이 이루어진 후에는 부분적인 열처리를 효과적으로 하기 위하여 고주파열처리(induction hardening)를 수행하고 연마가 뒤따른다. 또한 베어링이 접촉되는 베어링홈(raceway)도 같은 과정을 거쳐서 가공된다. 고주파열처리를 거치면 로크웰경도(Rockwell Hardness)로 약 58 ~ 60HRC 값을 갖게 된다. 또한 블레이드와 허브에 결합하기 위한 볼트 구멍을 가공하기 위하여 드릴링(drilling)과 보링(boring)공정을 거친다

6.5 기어 및 베어링 부품

풍력터빈시스템에 사용되는 베어링은 주축베어링, 피치 및 요베어링, 기어박스 베어링, 발전기 베어링 등이 있다. 주요 특징은 구름베어링의 분류에 따라 볼 베어링보다는 롤러베어링이 사용되고 있으며, 볼베어링과 비교하여 롤러베어링은 선접촉을 통하여 비교적 큰하중과 충격흡수가 용이하고 비교적 저속회전용으로 사용된다. 따라서 주축, 피치/요에서는 롤러베어링, 고속이 요구되는 증속기 및 발전기에는 볼베어링이 사용된다. 베어링의 사용 위치에 따라 다시 분류하면 아래 표와 같고, 각 풍력터빈 제조사는 자체의 설계요구 사항에 따라 주요부품의 위치에 아래 표 6.3과 같이 베어링을 사용한다.

표 6.3 풍력터빈용 주요 부품에 사용되는 베어링 종류[32]

주요부품명	베어링 종류
주축베어링 (main shaft bearings)	Tapered roller bearing, spherical roller bearing, cylindrical roller bearings
기어박스 (gear box)	Tapered roller bearing, spherical roller bearing, cylindrical roller bearings, deep groove ball bearing, 4-point contact ball bearing
발전기 (generator)	Deep groove ball bearings and cylindrical roller bearings
피치/요베어링 (pitch/yaw bearings)	Single and double-row four-point contact bearings, deep groove ball bearings, cylindrical roller bearings, spherical roller bearings, tapered roller bearings, and sealed plain bearings

풍력터빈에 사용되는 위의 베어링들은 볼베어링과 롤러베어링을 감싸고 있는 외륜과 외륜은 1 ~ 3m 내외의 링구조를 가지고 있다. 볼베어링이나 롤러베어링을 감싸는 리테이너와 윤활유를 보호하는 씰 등으로 구성되어 있다.

1) 피치 및 요 베어링(pitch and yaw bearings)

풍력발전용 피치 베어링은 날개의 경사각(pitch) 조절로 출력을 능동적으로 제어하며, 변화하는 풍력에 대응하여 최적의 출력을 나타내어야 하기 때문에 정밀성형공정과 가공기술이 필수적으로 요구된다. 피치 베어링의 소재는 42CrMo4(대응규격: SCM440) 등의 기계구조용 합금강이 주로 사용되며, 그림 6.20에 실제 피치 베어링의 형상을 나타내었다.

한편, 요 베어링은 바람의 반대방향으로 풍력터빈 로터(rotor)를 회전시키는 역할을 하는 요 시스템에서 고정된 타워와 회전하는 나셀을 연결하고 지지하는 기어타입의 핵심부품으로, 타워 플렌지 등과 같은 단순 링부품과 달리 요 오차설계, 성형 정밀도, 조직 균일성 등의 제품 요구특성이 까다로우며, 정밀 기어가공기술은 물론 고주파 열처리(induction hardening) 등에 의한 표면 경화기술을 요구하고 있다. 요 베어링 소재는 피치베어링소재와 같은 42CrMo4(대응규격: SCM440) 등의 기계구조용 합금강이 주로 사용된다. 최근, 요 베어링소재의 충격치를 향상시키기 위해 V첨가 강종을 활용하고 있는 추세에 있다. 그림 6.21은 요 베어링의 실제 형상을 나타낸 것이고, 표 6.4에 요구되는 기계적 특성을 나타내었다.

표 6.4 요 베어링 소재의 기계적 특성

Properties	Tensile				Impact at -20℃
	Y.S	T.S	E.L	R.A	
	MPa		%		J
spec.	min. 635	min. 825	min. 10	-	min. 19

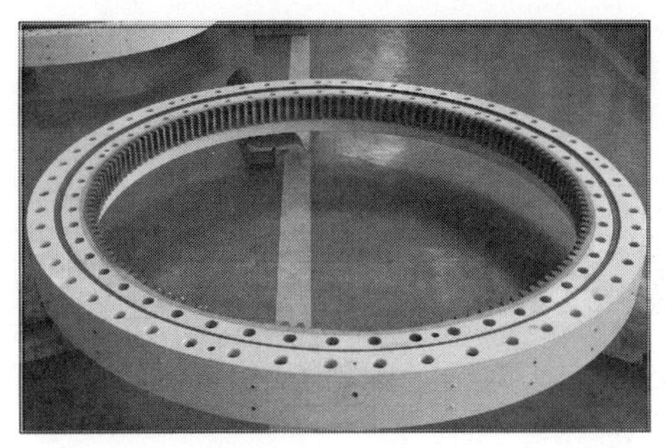

그림 6.20 풍력터빈용 피치베어링, 1.5MW형

그림 6.21 풍력발전용 요 베어링

2) 주축 베어링(main shaft bearings)

풍력발전용 핵심부품에서 동력전달체계상에 있는 베어링류는 주축베어링과 기어박스 베어링을 들 수 있으며, 주축 베어링의 경우 축방향 하중과 반경방향의 하중을 수용해야 하고 축과 지지대의 변형에서 오는 정렬오차를 감당해야 한다. 주축과 지지구조물과의 비교적 큰 변형 때문에 정렬오차를 고려하여 주축 베이링으로 사용되는 것이 그림 6.22와 같은 SRB(spherical roller bearings)이다. SRB는 outer ring 내부의 구형 raceway에 2열의 롤러가 배치되어 있다. Inner ring raceway는 베어링 축에 대하여 기울어져 있다. 이 베어링은 자동정렬이 가능하여 하우징과 주축 굽힘 변형에 대한 축의 정렬에서 에러가 발생해도 큰 문제가 없다.

이 베어링은 높은 반경방향 하중에 견디며, 양방향으로 축방향 하중도 받아들인다. 또한 각 베어링의 시리즈에 따라 다르겠지만 허용 angular misalignment는 1 ~ 2.5° 정도이다. 이 정도는 로터하중 때문에 발생하는 하우징과 프레임에서의 변형을 보상하여 베어링에 손상을 발생시키는 모서리에서 과다한 하중을 방지하기 위한 수치로는 충분하다.

주축베어링으로 고려되는 다른 형태의 베어링은 DTRB(double thrust roller bearings) 등이 있는데, 내부의 베어링형태에 taper가 있는 롤러를 사용하는 등 설계자의 개념에 따라서 선택한다. 특히 taper가 있는 롤러베어링은 기어박스에서 나오는 고속축(output shaft)과 연결되는 부분에서 사용된다.

Inner ring과 outer ring 재료는 피치와 요 베어링의 재료와 유사하게 사용되고 있다. 이러한 주축 베어링 소재에 대한 정보는 각 회사의 소유로 구체적으로 알려져 있지 않으나, 침탄(carburizing)으로 경화된 침탄 담금질강(case-hardening materials)이 사용되고 있으며, 경도는 59HRc 이상을 요구하는 것으로 알려져 있다.

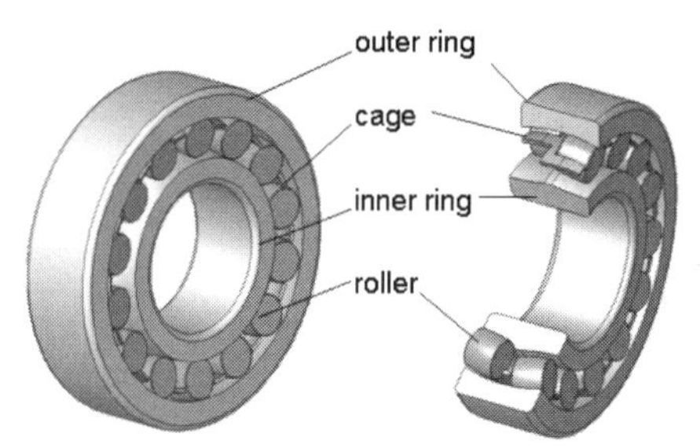

그림 6.22 Spherical roller bearings의 구조와 실제 부품의 형상
(출처: REpower 5M형 내부직경 1.5m, 무게 2.7톤)

내부의 볼(ball)이나 롤러(roller)의 경우 축하중과 반경방향의 하중 등으로 볼(혹은 롤러)과 링, 볼 상호간의 마찰에 의하여 micro slipping 등에 의하여 손상이나 마모가 발생한다. 이를 보호하기 위하여 윤활시스템이 함께 적용되지만, 극한 하중의 경우 베어링 소재의 자체 특성에 매우 민감하다.

표 6.5 Steel ball과 silicon nitride ball 재료의 특성 비교[33]

Property	Steel ball	Si_3N_4 ball
Density[g/cm^3]	7.6	3.2
Hardness[Vickers]	700	1,550
Elastic Modulus[GPa]	190	320
CTE(10^{-6}K)[RT to 800℃]	12.3	2.9
Max. Usage Temp.[℃]	320	1,000
Surface Finish Grade 5[micron]	0.02	0.05

베어링용 볼이나 롤러를 구성하는 재료의 정확한 조성은 각 제조사에서 엄격히 통제되고 있기 때문에 알기 어렵다고 언급하였으나, 표 6.5와 같이 문헌의 간접 비교 자료를 통하여 짐작할 수 있다.[33] 본 자료를 통한 silicon nitride 베어링 볼의 경우 경량이며, 강성이 높고, 방식성이 높고, 윤활성도 우수하며, 내마모성, 낮은 열평창계수 등의 우수한 특성을 지니고 있음을 알 수 있다. 하지만 전통적인 HIP(hot isotropic pressing) 등을 활용하는 높은 제조비용, 대형 부품의 제조의 난점 등으로 현재 적용을 위한 연구단계에 있다.

3) 로터회전축(rotor shaft)

로터회전축(rotor shaft)는 저속축(low-speed shaft)과 고속축(high-speed shaft)으로 이루어지며, 저속축(low-speed shaft)은 주축(main shaft)이라고도 하며 허브와 블레이드가 조립된 허브(hub)를 지지하고 로터의 회전동작을 전달하며 기어박스에 토크 모멘트를 전달한다. 축력(thrust loads)은 축을 통하여 받아들이고 나셀과 타워의 상부로 전달된다. 주축은 단조 혹은 주철로 만들어지는 무게가 많이 나가는 부품이다. 이에 반하여 고속축(high-speed shaft)는 증속기에 연결되어 로터의 기계적 출력을 고속으로 발전기에 전달하는 역할을 수행한다. 따라서 저속축은 고토크 모멘트가 고속축은 저토크 모멘트가 부가 된다.

다시 언급하자면 로터 회전축은 블레이드의 회전 운동에너지를 증속장치와 발전기에 전달하는 부품으로서 풍력발전기의 설계수명만큼 건정성이 유지되어야 하므로 초기에 개발할 때 원소재의 선정부터 최종제품까지 엄격한 관리를 요한다.

지금까지 대다수의 풍력터빈의 주축은 주철(cast iron)으로 만들어져 왔고, 아직도 많은 주축이 중실형이나 중공형이라도 주조법으로 제조되고 있다. 특히 메가와트급 주축은 매우 무거워지기 때문에 중공형이 주류를 이루고 있다.

앞에서 설명한 허브제조에 사용된 사형주조 공법이 역시 활용된다. 사형주조 공정을 보면 몰드를 제조하고 용해된 주철(구상흑연주철) 용탕을 몰드에 주입한 후 모래형을 제거한다. 열처리공정을 거친후 황삭(rough machining)을 거친후 최종 정밀가공(precision machining)으로 최종치수를 갖게된다.

하지만 터빈의 규모가 증가함에 따라서 높은 하중을 감당하기 위하여 고강도를 지닌 단조제품으로 대체되는 경향을 보여왔다. 이에 따라 중형급 풍력터빈과 1 ~ 2MW급까지의 주축은 주로 중실형으로 자유단조공법을 통하여 제조되어 왔다. 하지만 multi-MW급이상의 초대형 터빈용 주축은 무게가 매우 중요한 설계 요인이 되어 대개 중공식 주축을 도입하게 된다. 따라서 일반적으로 주조공법을 활용하여 중공형 주축을 제조하는 것이 경제성이 있다. 하지만 단조기술의 발전으로 단조법을 이용하여 제조함으로써 주조공법으로 만든 중공형 축에 경쟁력을 가지게 될 것으로 판단하고 있다. 주조공정에 비교하여 단조공정을 통하여 제조된 제품은 단류선(metal flow)에 의하여 미세하고 치밀한 조직을 얻을 수 있어 고강도의 특성을 지니게되어 구조적 완전성(structural integrity)이 주물보다 매우 우수하다.

로터 회전축의 재료로는 주로 34CrNiMo6강(대비규격 : AISI 4337, 4340)이 사용되고, 스페인의 풍력터빈제조사인 Gamesa사는 일부 42CrMo4 또는 36CrNiMo6 등의 소재를 사용한다. 또한 항복강도가 600 N/mm2, 최대인장강도가 800N/mm2 이상, V-notch Charpy 충격치가 35J 이상인 30CrNiMo8 소재도 사용된다. 일반적으로 자유형 단조공정으로 제조 한 후에 조질처리(quenching and tempering)에 의해 열처리가 수행된다. 표 6.6은 로터 회전축에서 요구되는 기계적 특성과 현재 국내에서 생산되는 로터 회전축의 일반적인 특성을 나타내었다.

표 6.6 로터회전축 소재의 기계적 특성

Property	Tensile				Impact at -40℃	**FATT	Hardness
	Y.S	T.S	E.L	R.A			
	N/mm^2		%		J	℃	Hv
spec.	650	850 ~ 1000	13	55	min. 27	30	275 ~ 305
*test specimen	732.8	886.9	23.1	66.4	54.3	-3.6	288

* test specimen : 단조가공 후 품질 열처리한 실제품

**FATT: Fracture Appearance Transition Temperature (파면 현상 천이 온도)

그림 6.23에 로터 회전축의 모습을 나타내었고 금속 조직은 조질처리(quenching and tempering)에 의해 열처리된 미세조직을 가지고 있다. 이러한 로터 회전축 소재의 미세조직은 템퍼드 마르텐사이트(tempered martensite) 조직, 즉 솔바이트(sorbite) 조직과 일부 탄화물이 석출된 형태를 보이며, 강도와 인성이 잘 조합된 특성을 부여하는 조직을 나타낸다.

(a)중실형(solid) 로터 회전축
출처: (주) 태웅

(b)중공형(hollow) 로터 회전축
출처: Industrial Clutch Part Ltd 및 Tongyu Heavy Ind.

그림 6.23 풍력발전용 (a)중실형(solid) 및 (b)중공형(hollow) 로터 회전축

4) 베어링용 기타 부품

리테이너(retainer) 혹은 케이지(cage)는 볼베어링 혹은 롤러베어링을 베어링 홈(raceway)에 위치를 고정시켜주는 역할을 한다. 사용되는 소재는 금속(강판 프레스 혹은 기계가공된 동합금) 혹은 성형된 플라스틱(polyamide계) 등이다.

그림 6.24와 같은 씨일(seal)은 두 가지 중요한 기능을 가지고 있다. 윤활유가 새는 것을 막아주고 베어링 내부로 들어오는 먼지나 물 등의 오염물질을 막아준다. 씨일의 주요 구성재료는 NBR(nitrile butadien rubber)과 H-NBR이다. NBR은 고분자중합법의 한가지인 유화중합에 의하여 제조된 아크릴로니트릴(acrylonitrile)과 부타디엔(butadien)의 공중합체로 가장 널리 사용되고 있는 내유성고무이다. H-NBR은 내유성이 강한 NBR에 수소첨가를 통하여 기존의 NBR보다 작업공정의 용이성, 내열성, 내화학성 및 내오존성 등의 기능을 강화시킨 고무제품이다.

최종 조립을 거친 피치베어링은 외부 환경으로 부터의 보호를 위하여 아연 및 컬러도장, 우레탄 코팅 공정을 거쳐서 풍력터빈사로 공급된다.

그림 6.24 씨일(seal)의 대표적인 형상

커플링(couplings) 7장

풍력터빈에서 커플링은 증속기의 고속축과 발전기사이에 위치하는 기계적 동력, 토크, 을 전달하는 축이음 부품이다. 자동차에서 같이 증속기와 발전기간의 연결을 페달을 움직여서 연결과 분리를 수행할 수는 없다. 커플링은 두 개의 부분품으로 이루어져 있고 각 부분품은 증속기와 발전기의 중심축에 연결되어 있다.

강성(rigid)커플링과 유연(flexible)커플링으로 나누어진다. 강성커플링은 기어커플링과 강철커플링이 있는데, 대형기계에 주로 사용되어 왔다. 기어 커플링은 외부기어 치차로된 두 개의 허브로 구성되어 양쪽의 축 끝에 장착되어 연결시킨다, 토크는 커플링 치차를 통하여 전달되고 치차는 크라운형태로 되어서 각도변위가 가능하도록 되어있다. 반경방향으로의 변위는 두 치차사이의 거리를 통하여 흡수된다. 플렌지 슬리브의 내부 치차는 외부 치차보다 매우 넓어 축방향으로의 오정렬을 흡수해 준다.

다른 형태의 강성커플링은 강철로된 것으로 토크가 디스크를 통하여 전달된다. 두 디스크 세트가 스페이서(spacer)로 연결되어 축(axial), 반경(radial), 각도(angular) 방향으로 축의 오정렬을 보상해 준다.

유연커플링(flexible coupling)은 각 축에 고정되는 허브를 유연한 재료로 연결하는데 고무(NBR, HNBR, NR) 등과 같이 부드러운 재료로 치차를 감싸서 충격이 최소화되게 한다. 다시 말하면, 유연 커플링은 유연한 부품(flexible unit)이며 내부에 고무가 들어있으며, 보통 수밀리미터의 움직임만 허용하게 되어있다. 따라서 다른 두 부품인 증속기와 발전기를 연결하여 정렬할 때, 미세한 오차를 허용한다. 두 부품이 서로간의 관계에서 약간 움직이는 경향이 있을 때, 이것이 조립할 때나 작동 중에도 중요한 사항이 된다.

풍력터빈에서 증속기와 발전기사이는 유연커플링으로 연결되는데 축방향과 반경방향으로의 오정렬을 감당해 준다. 특히 증속기쪽에서 발생하는 진동하중(oscillating load)을 흡수하여 기계에 손상을 주는 것을 막아주고 발전기 측면에서는 발전된 전기의 질을 향상시킨다.

최근의 커플링은 증속기의 축에는 대개 디스크형 기계브레이크가 연결되어 있고 커플링 스페이서(spacer)는 절연이 필요해서 그림 7.1과 같이 유리섬유 복합재 튜브를 사용하여 강도(strength)와 유연성, 경량화 등의 장점을 활용하고 있다.

그림 7.1 풍력터빈용 유연커플링(flexible coupling)의 예
출처: http://www.jaure.com

브레이크 및 피치요 드라이브 8장

8.1 기계브레이크

로터블레이드의 회전속도를 감소시키는 가장 좋은 방법은 공력 브레이크를 사용하는 것이다. 풍력터빈이 대형화되면서 로터회전에 의한 주축의 토크가 매우 커지기 때문에 기계 브레이크(mechanical brake)로 주축의 회전을 감소시키는 것은 터빈에 매우 큰 부담을 준다. 기계 브레이크는 블레이드가 정격회전속도 이상으로 회전하는 것을 조절하거나 제어시스템의 명령에 인해 공력 브레이크에 의하여 이미 상당히 감소된 속도의 회전축을 완전히 정지시키는 역할을 하는 브레이크를 말한다. 또한 풍력터빈 축이 원하는 위치에 정확히 멈추기 위해서는 이 기계 브레이크가 필수적이며 보조 브레이크(backup system, secondary brake) 혹은 정지 브레이크(parking brake)라고도 한다. 특히 기계 브레이크(mechanical brake)라는 단어를 사용하는 것은 풍력터빈이 가지는 독특한 브레이크 시스템인 공력 브레이크(aerodynamic brake)에 대응하는 표현이다. 특히 산업현장에서는 로터 브레이크(rotor brake), 비상 브레이크(emergency brake)라하고, 주된 역할에 따라서 다이나믹 브레이크(dynamic brake), 홀딩 브레이크(holding brake) 혹은 정지 브레이크(parking brake)라고 불리기도 한다.

1) 기계 브레이크의 종류

본 절에서는 기계 브레이크에 대하여 중점적으로 설명한다. 기계 브레이크는 브레이크 패드에 가압하는 방법에 따라서 능동형 브레이크(active brake)와 수동형 브레이크(passive brake)로 나눈다. 능동형 브레이크는 유압 시스템에서 유압을 그대로 이용하여 브레이크를 작동시키며, 수동형 브레이크는 유압 시스템이 스프링을 유지한 후에 신호에 의하여 스프링을 작동시켜 스프링의 힘으로 패드를 민다.

또 다른 형태로 표현하는 것은, 디스크 브레이크와 클러치 브레이크이다.[34] 그림 8.1의 디스크 브레이크는 자동차에서와 같이 축에 붙은 디스크를 캘리퍼로 잡는 형태이다. 브레이크가 작동할 때 유압으로 작동된 캘리퍼가 디스크의 운동에 반대로 토크를 발생시켜 로터의 속도를 늦춘다. 클러치 브레이크는 압축공기나 유압으로 스프링을 작동시키는 fail-safe 설계로 이루어진다.

그림 8.1 기계 브레이크(출처: 두산중공업)

2) 기계 브레이크의 위치

기계 브레이크는 저속축이나 고속축에 설치할 수 있다. 저속축에 브레이크를 설치하면, 매우 큰 토크를 견디기 위해 마찰면적이 큰 디스크 브레이크 시스템이 필요하며 이로 인해 규모가 커지고 시스템이 무거워 진다. 터빈의 무게와 부피의 감소를 지향하는 설계개념을 고려하면, 고속축의 브레이크 시스템은 기어박스를 통하여 큰 토크가 감소된 상태이므로 브레이크 크기가 감소되어 가격에 대비하여 효율적인 위치이다. 하지만 고속축에 둔다면 정지된 상태에서도 공기유동의 영향에 의하여 작은 양이지만 지속적으로 움직이기 때문에 기어박스의 마모가 훨씬 크며, 기어박스가 파손되면 로터의 회전속도를 감속시킬 수 없다. 예를 들어, 고속축 브레이크를 적용한 경우, 터빈이 저속이나 정지 상태로 갈 때 풍속의 갑작스런 변화가 블레이드를 통하여 충격력을 기어에 전달하게 되고 역회전(backlash) 현상을 일으키며 기어에 손상을 줄 가능성이 높다.

그럼에도 불구하고 저속축의 브레이크의 크기가 증가하는 것은 더 큰 단점으로 지적되어 메가와트급의 저속축에 주브레이크로써 기계 브레이크를 설치하는 것은 금지되어 있다.[34] 표 8.1에서 보는 바와 같이 대형 풍력터빈의 경우에 고속축 브레이크가 사용된다. 또한 디스크형 기계 브레이크가 대개 적용되고 있어 본 절에서는 디스크형에 대하여 주로 설명하고자 한다.

3) 기계 브레이크의 구성

디스크형 기계 브레이크는 브레이크 캘리퍼, 디스크, 패드라이닝 등이 주요 구성품이다. 브레이크의 작동을 위해서는 유압 시스템이 사용된다.

패드가 작동할 수 있도록 실린더, 피스톤, 패드 스프링 등의 부품의 일체가 부착되는 하우징 혹은 전체를 캘리퍼(caliper)라고 한다. 풍력터빈에 사용되는 대표적인 캘리퍼의 형상은 그림 8.2와 같다.

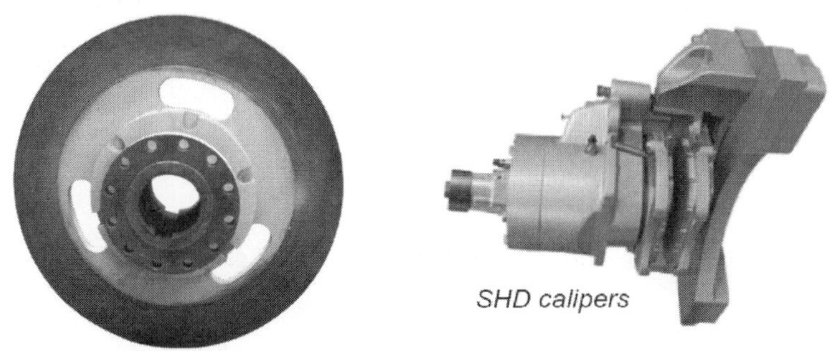

그림 8.2 brake disk(Vestas-V52 모델) 및 caliper 형상
출처: Carlisle Ind Brake & Friction(2010) 및 Stromag 자료, 2007 출처: Stromag 자료, 2007

디스크(disk)는 회전축에 부착된 회전원반으로 양면을 유압으로 마찰패드로 압착하여 회전을 정지시키는 중요한 역할을 한다. 디스크는 마찰에 의하여 마찰열이 발생하나 밀폐된 상태가 아니므로 방열이 용이하나 자동차 같이 공기의 흐름에 의한 냉각은 이루어지지 않아 다소 느리다. 브레이크의 기능을 발휘하기 위해서는 고온에서 변형이 발생하지 않고 편평도를 유지해야한다.

이에 따라 마찰에 의한 온도의 계산과 측정을 통한 설계가 이루어져야 하며 열하중(thermal loading)을 보다 잘 흡수하기 위해서는 가능하면 두꺼운 디스크가 유리하다. 그림 8.2는 캘리퍼와 디스크의 대표적인 구조이다. 그림에서 사용된 디스크의 소재는 spheroidal graphite iron(구상흑연주철)이나, steel S235JR 혹은 S355JR이며, 표면은 그림 8.3과 같은 조도를 갖도록 가공한다.

표 8.1 각 터빈시스템에의 브레이크 적용예시

풍력터빈 모델	디스크 크기	캘리퍼수	패드 라이닝재료	부착 위치*	비 고
W80, u, Siemens	940mm	1	sintered metal	HSS	
HST-2.3MW Simens		2		HSS	
250kW Vitaa Zeus		2		HSS	
N90 Nordex		2		HSS	
N60 Nordex		2		HSS	BSFI 300
GE 3.X	min 800 x 20 ~ 50 t,	2 (2 disk)	sintered metal	HSS	BSFI 3000
S70 Sudwind, 1.5MW	500 x 20-40t	2	sintered metal /organic materials	HSS	BSFI 300
GE 1.5MW	412mm max x 40t	1	sintered metal /organic materials	HSS	BSAK 3000
750kW JACOBS		2		HSS	
Enercon 300		2		LSS	Stromag
900kW micon		1		HSS	Stromag

* HSS: High Speed Shaft, LSS: Low Speed Shaft, All fail-safe design

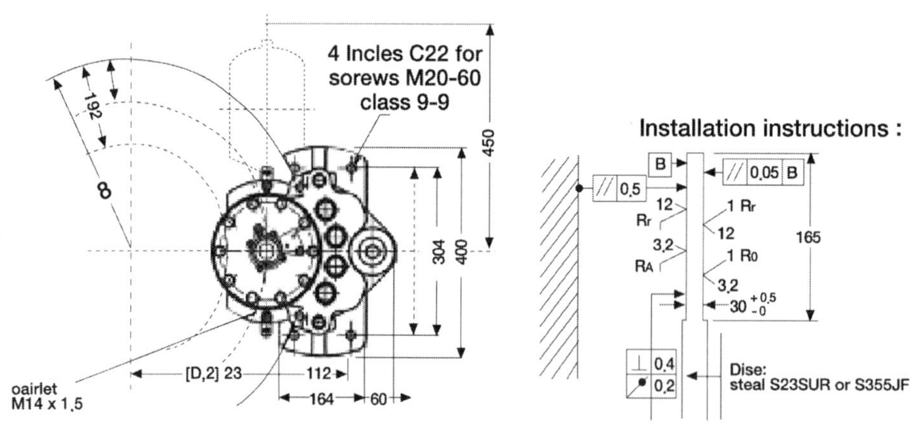

그림 8.3 브레이크 디스크의 규격 및 표면가공의 예 (출처: Stromag France 자료, 2007)

브레이크 작동은 캘리퍼의 브레이크 블록과 디스크사이의 마찰의 결과로 이루어진다. 이때 브레이크는 매우 큰 응력이 걸리게 되어 브레이크 금속 블록은 고온에서 견딜 수 있는 특수 재료로 된 패드나 라이닝을 고려해야 한다. 이때의 온도는 자동차의 경우 300℃를 넘지 않는데 풍력터빈은 약 600 ~ 700℃에 도달한다.[35] Ceramic pad는 300 ~ 400℃ 이상에서 사용이 어려워 표 8.1과 같이 sintered bronze 소재를 고온용으로 사용한다.[34] 또한 organic non-asbestos 재료를 사용하기도 한다(그림 8.4).

4) 브레이크 패드와 라이닝(brake pad & lining)

브레이크 작동은 캘리퍼의 브레이크 블록과 디스크사이의 마찰의 결과로 이루어진다. 이때 브레이크는 매우 큰 응력이 걸리게 되어 브레이크 블록은 고온에서 견딜 수 있는 특수 재료를 고려해야 한다. 이때의 온도는 자동차의 경우 300℃를 넘지 않는데 풍력터빈은 약 600 ~ 700℃에 도달한다.[34] Ceramic pad는 300 ~ 400℃ 이상에서 사용이 어려워 표 11.1과 같이 sintered bronze 소재를 고온용으로 사용한다.[34] 또한 organic non-asbestos 재료를 사용하기도 한다.

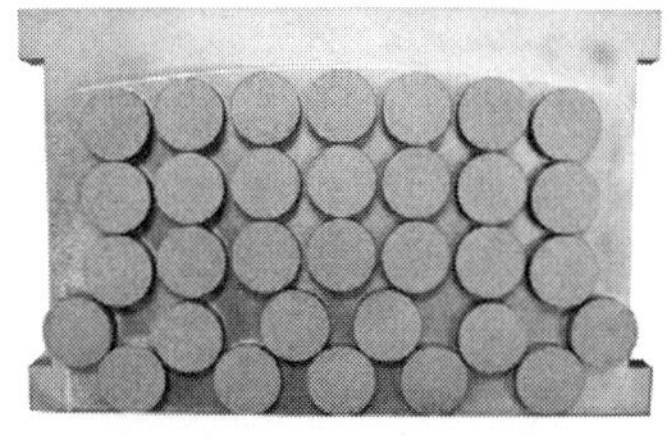

그림 8.4 유기소재(organic materials) 및 소결소재(sintered bronze) 패드

타워(towers) 9장

9.1 튜브(쉘, shells/tubes) 재료

타워는 블레이드가 회전하면서 발생하는 추력과 나셀 및 블레이드 무게에 의한 자중 그리고 타워가 바람에 의해 받는 하중을 지지하는 역할을 가지고 있다. 또한 작업자, 전력선의 이동통로의 기능을 가진다. 타워는 풍력발전기를 이루는 다른 기계요소에 비하여 매우 간단하지만 풍력발전기를 이루는 다른 요소들에 비하여 파손에 의하여 유발되는 손실이 매우 크고 대형풍력터빈가격의 20 ~ 25% 정도를 차지하여 타워 자체의 단가도 매우 높기 때문에 가격경쟁력이 있으면서도 안전한 타워를 개발하는 하는 것은 매우 중요하다.

현재 대형 풍력발전기는 강철 튜브형(steel tubular) 구조를 가지고 있으며, 일정한 간격으로 원통을 제작하여 각 끝 부분에 플렌지와 볼트로 조립하는 형태로 제작되고 있다. 그림 9.1과 같이 원통형상의 타워 내부는 작업자가 안전하게 나셀까지 올라갈 수 있는 통로로 사용되기 때문에 이를 위한 사다리가 설치된다. 또한 나셀 내부의 발전기에서 생산된 전기를 지상의 전기계통과 연결하기 위한 전력선들을 지지하는 케이블 트레이(cable tray)도 설치된다. 최근에는 타워가 높아져서 작업자의 이동을 용이하게 하는 전동 운반장치(lift)를 설치하기도 한다.

타워의 튜브 재료는 전통적인 강철(steel)이 주류를 이루고 있고 강철재료는 보통 DIN규격의 S355를 많이 사용하며 항복강도는 약 355N/mm^{2}이다. 쉘의 제조방법은 원하는 두께의 강철판재를 대형 벤딩(bending) 머신에 넣고 원통형으로 bending후에 용접을 한다.

9.2 타워 플랜지(tower flanges) 재료

풍력발전용 타워는 풍력발전기를 지지하는 구조물로서 현재 건설되고 있는 상용 대형 풍력발전기의 타워구조는 그림 9.1에서 보듯이 주로 강 파이프식 타워(steel tubular towers)구조이다. 약 20 ~ 30m 간격으로 용접을 통해 제작되며 각 끝 부분은 플랜지와 볼트로 연결되어 있다. 타워 플렌지는 앞서 제 4.3장에서

설명한 바와 같이 타워의 연결에 필요한 구성품으로써 6 ~ 7개의 플랜지가 한 세트를 이룬다. 지름이 가장 큰 bottom flange와 middle flange, top flange로 구분되며 그림 9.2에 실제 타워플랜지를 나타내었다.

일반적으로 타워 플렌지의 제조방식은 크게 용접(welding)에 의한 방식과 링압연(ring rolling)방식으로 구분할 수 있다. 전자는 이음매가 있는 경우이고, 후자는 이음매가 없는 경우로 분류된다.

기존에는 용접에 의해 대형 플랜지를 제조하여 왔으나, 최근에는 대형 링 밀(ring mill) 설비의 증가와 더불어 후자에 의한 방식으로 많이 제작된다.

링압연 방식은 투입소재와 가공량의 절감, 작업시간의 단축으로 제작단가를 줄일 수 있고, 원주방향의 미세조직이 연신되어 내외압에 대한 저항성이 높아지는 등 양호한 기계적 특성을 얻을 수 있다. 또한 링 압연 가공 전 업셋팅과 코깅공정을 통해 충분한 단조비를 가하기 때문에 요구 물성치를 만족시키기 위한 품질 및 열처리가 용접방식에 비해 간단한 장점이 있다. 더욱 자세한 내용은 다음절에 소개하고자 한다.

한편, 타워 플랜지는 S35NL(대응소재: A350 LF2N, A694 F42, F490G, ST52.3)과 같은 저합금강이 주로 사용되며, 소재의 특성으로 용접성이 좋고, 일반강에 비해 강도 및 충격치가 우수하며, Al 첨가를 통해 조직 미세화를 얻어낸 강종이다. 그림 9.3과 표 9.1에 실제품에 대한 미세조직과 기계적 특성을 나타내었다. 이러한 타워플렌지 소재의 미세조직은 미세 펄라이트(pearlite)와 페라이트(ferrite)로 구성되며 충격에너지값은 50J이상을 요구하고 있다.

표 9.1 타워플랜지 소재의 기계적 특성

Property	Tensile				Impact at -50℃
	Y.S	T.S	E.L	R.A	
	N/mm^2		%		J
spec.	295	450 ~ 600	21	-	min. 50
*test specimen	327.1	513.4	33.2	74.6	98.3

* test specimen: 링압연 가공후 normalizing한 실제품

그림 9.1 플렌지와 강파이프형 타워

그림 9.2 타워에 조립될 플렌지

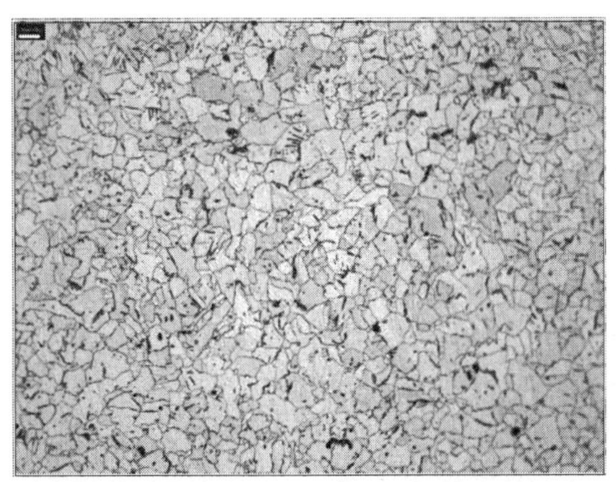

그림 9.3 타워 플렌지 소재의 조직사진(S35NL steel)

9.3 하이브리드 타워(hybrid tower)

원추형(conical) 강철타워는 육상에서 최근 대표적으로 80m 내외가 표준으로 알려져 있다. 용량이 큰 터빈은 이 높이 이상을 요구하데 기존의 타워를 적용하는데 어려움이 있다. 고풍속지역이 점차 부족하게 되어 더욱 대형화되는 터빈과 같은 조건에서 더 많은 에너지를 얻기 위하여 기존의 강철타워보다 강하고 높은 타워가 필요하나 강철타워의 단점이 비용을 더 필요하게 됨으로써 대안을 모색하고 있다.

따라서 일부 분석은 아래 표 9.2와 같이 더 높은 강철타워를 사용하는데 따른 장단점을 분석한다. 하이브리드 타워의 장점은 강철타워의 단점이 될 수 있다.

표 9.2 강철 타워의 장단점 비교

장점	단점
- 80m 내외는 가격경쟁력 우수 - 내구성 우수 - 변형이 우수하여 제조가 쉽다 - 고강도를 보유 - 기존의 소재 및 제조시설 보유로 가격 유리 - 기초의 크기가 작음	- 더 높은 타워에는 가격 경쟁력이 떨어짐 - 수송 비용이 높음 - 높은 O&M 비용 - 수명이 20년 내외로 짧다

기존의 육상용으로는 가장 높은 타워는 3.4MW급으로 REpower 사의 128m 타워였다. 하지만 100m이상의 강철타워를 세우는 것은 비용측면에서 경쟁력이 점차로 떨어진다. 대안으로 제시되고 있는 것이 강철과 콘트리트의 하이브리드형 타워이다. 철근 콘크리트로 링형이나 세그먼트형으로 미리 제조하여 운반하여 현장에서 조립하는 것이다. 초기의 하이브리드 타워의 개념은 철근 콘크리트 링을 현장에서 쌓아 올리는 방법도 시도되었다. 하지만 강철 타워보다는 작은 높이의 모듈로 사전 제작된 콘크리트 타워는 경제성면에서 매우 우수한 것으로 판명되었다. 이 프리캐스트 콘크리트 모듈은 프리텐션 콘크리트 공법으로 제조되며 고강도 시멘트를 사용한다.

그림 9.4 하이브리트 타워의 콘크리트 부분의 설치 모습, 출처: Max Bogl Hybrid Tower System

위에서 언급한 하이브리드타워 개념이 정립되기 전에 철근 콘크리트 타워가 시도되었다. 이 방법은 터빈 설치현장에서 쌓아올릴 수 있기 때문에 제작 및 운반

문제에서 자유로울 수 있다. 독일의 Enercon사에서 가장 적극적으로 활용하고 있으며, E-112 풍력터빈의 경우에 현장 콘크리트 타워(in-situ concrete tower)나 강철 타워를 사용하였다. 더욱 대형인 E-126 시제품의 경우에는 131m의 높이, 35개의 콘크리트 섹션, 14.5m의 하단 직경의 대형 타워이다. 초대형 콘크리트 타워의 경우에도 현장제작은 문제점이 있어 전용공장에서 22개의 중간섹션은 반씩 나누어서 제조하고 현장으로 운반하고 조립하였다. 나셀과의 조립부분 섹션은 강철로 제작하였다. 특히 그림 9.4의 콘크리트 타워의 경우 벽의 두께가 45cm에 이르고 총 110㎥의 재료가 사용되었다.[36]

9.4 복합재료 타워(composite materials tower)

그림 9.5와 같은 복합재료 타워도 산업계에서 시도되고 있다. 최대의 장점은 경량화에서 오는 운송 및 설치의 비용감소와 내후성 및 내부식성에서도 우수하다는 점이다. 복합재료 특유의 진동특성, 피로특성 등이 기존의 강철재료 보다는 우수하긴 하지만 아직 소형 시제품을 개발하여 시험 중에 있는 상태로, 대형화 및 상업화에 이르기까지는 해결해야할 문제가 많은 것으로 보고 있다.

기존의 강관형 타워의 단점중에서 지적되는 큰 문제는 수송비용과 설치시 초대형 크레인 비용이다. 이 문제를 해결할 수 있는 방법중의 한가지가 현장에서 생산할 수 있는 복합재료 타워로 보고 다양한 시도가 진행되고 있다. 우리나라에서도 소형 풍력터빈용으로 복합재료를 이용한 기초적인 연구개발이 진행된 바 있다.[37, 38]

그림 9.5 40m 길이의 복합재료 타워 시제품 출처: NECSO, Entrecanales Cubiertas, S.A, Spain

풍력발전용 소재부품의 파괴 및 비파괴시험기술

10장

10.1 개요

풍력발전기의 대량생산의 역사가 오래되지 않아 비파괴검사 및 시험, 운용을 위한 제조상의 QA (Quality Assurance) 기준이 확실하게 확립되어 있지는 않다. 금속부품의 경우에는 항공, 철도, 조선, 자동차 등의 주요부품에서 활용되는 기술을 적용하고 있어 비교적 다양한 방법 및 기준이 활용되고 있으나, 복합재료 부품인 풍력 블레이드 경우, 구조 대부분을 차지하는 유리섬유 복합재료가 저가형 구조재인 이유로 관련 기술 개발이 현재 충분하지 못한 상태이며 결함의 합부 여부를 판단할 수 있는 시험 데이터 및 검사 기술 또한 미진한 상태이다.

전 세계적으로 극심한 외부 환경에 노출되는 블레이드의 신뢰성의 유지를 보증하기 위해서 제조상의 비파괴시험 및 관련 기준 마련의 중요성이 점증하고 있다. 본 절에서는 금속부품의 비파괴검사 방법과 복합재료 및 블레이드의 비파괴검사 방법에 대하여 설명한다.

10.2 금속부품의 검사

풍력발전용 소재부품의 제조공정 후 제품품질은 파괴 및 비파괴 검사에 의해 평가되며, 파파검사는 인장, 충격, 경도시험 등의 기계적 특성평가와 함께 화학성분 검사, 마크로, 마이크로 등의 조직검사도 함께 수행한다. 이때, 인장특성의 경우 규격에 따라 차이는 있으나, 주로 유럽규격(EN 10113-2 (1994) 또는 EN 10025-3 (2004))에서는 항복강도의 규제를 제품의 두께에 따라 다르게 명시하고 있으며, 대표적인 플랜지(flange) 소재부품에 대한 두께별 요구되는 인장특성과 충격특성을 표 10.1에 나타내었다. 조직관찰에서 가장 중요한 부분은 기계적 특성과 직결되는 결정립 크기로 파워 플랜지의 경우 ASTM # 6 또는 그 이상을 요구한다.

한편, 비파괴 검사는 재료를 파괴하지 않고 그 실체의 결함을 조사하는 방식으로 단조품이 대형일수록 결함의 혼입과 발생의 가능성이 커지고 100% 완벽한

단조품을 얻는 것은 현실적으로 불가능하기 때문에 황삭 가공 후 단조품의 비파괴검사는 필수적이라 할 수 있다. 비파괴 검사는 초음파탐상법, 자분 탐상법, 액상 침투법(PT), 방사선 탐상법, 육안 검사법 등이 있으며, 자분 탐상법, 액상 침투법, 육안 검사법은 주로 표면결함을 검사하는 방법으로 흔히 풍력발전용 단조부품 비파괴 검사는 그림 10.1에 제시된 초음파 탐상법을 활용한다. 초음파 탐상법은 초음파 발생에 의해서 결함의 정확한 위치와 상당한 두께의 미세한 결함도 검출할 수 있는 장점이 있어, 풍력발전용 단조품 뿐만 아니라, 여타 소재부품에도 흔히 적용되고 있다.

표 10.1 풍력발전용 플랜지 소재의 인장 및 충격특성 요구치

Code	Steel quality and grade	Norminal product thickness "t" (mm)	Yield strength (MPa)	Tensile strength (MPa)	El. (%)	Impact properties	
						Test Temp.	Avg. (J), L
EN 10025-3 (2004)	S355NL	16≤t	355	470 ~ 630	22	-50°C	Min. 50
		16<t≤40	345				
		40<t≤63	335				
		63<t≤80	325		21		
		80<t≤100	315				
		100<t≤150	295	450 ~ 600			
		150<t≤200	285				
		200<t≤250	275				
ASTM A694	F42	0<t≤250	min. 290	min. 415	min. 20	-50°C	Min. 50

그림 10.1 대형시스템 소재부품의 비파괴검사 현장

10.3 풍력블레이드의 결함과 파손

앞 장에서 언급한 바와 같이 블레이드는 주로 매트나 매쉬 형태의 유리섬유로 이루어져 있다. 수 십 미터의 블레이드를 제작하기 위하서는 수 백장의 유리섬유를 적층하여 수지로 함침시켜야 한다. 작은 섬유의 불규칙성도 기포나 다른 형상

결함의 원인이 될 수 있고 블레이드가 하중을 받으면 재료와 구조물에 기계적 응력을 유도한다. 이로 인하여 적층판이 찢어지고 블레이드 파손이 발생한다. 2000년대 초반부터 지금까지 덴마크 보험회사에서 조사한 바에 따르면 풍력 블레이드의 파손 원인 중 40%가 기계적 파손, 20%가 번개등 천재 지변에 의해서 발생했다. 이처럼 풍력 블레이드는 기계적 파손에 직접적인 영향을 미치는 결함 여부 등을 잘 관찰, 관리 하여야 파손으로 이르는 대형 사고를 미연에 방지 할 수 있다.

풍력블레이드의 주요 파손은 생산 과 운용 중 결함에 의해 발생한다. 주요 풍력 블레이드의 생산 결함은 그림 10.2와 같이 두께 차이 (thickness differnce), 접착 불량 (poor bonding), 기포 (air-filled void), 수지 미함침 (dry area), 접착제 부족 (adhesive missing), 겔코트, 페인트 박리 (gelcoat, paint delamination), 파이버 주름 (fiber waviness)등이 있다.

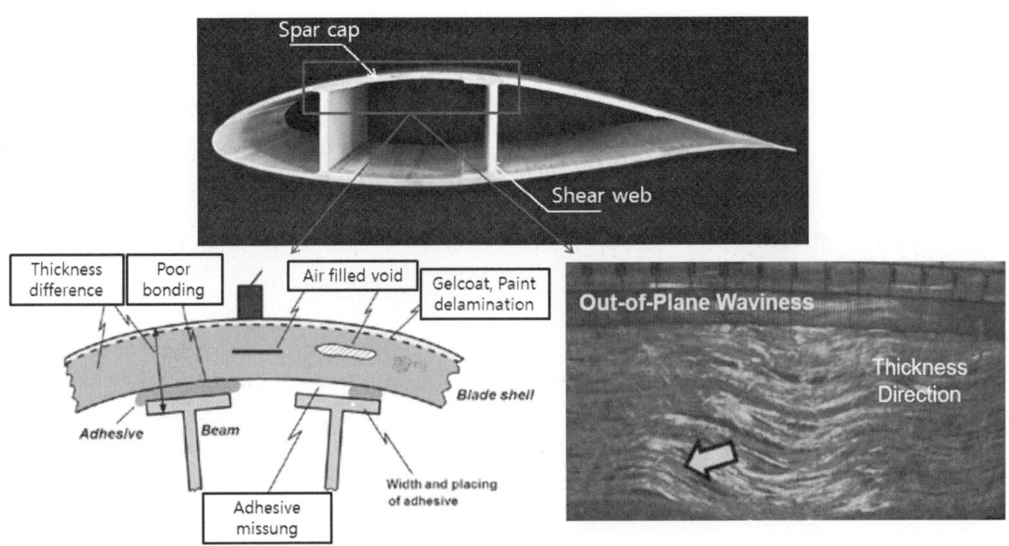

그림 10.2 풍력 블레이드의 주요 생산 결함

블레이드의 운영 중 결함은 그림 10.3과 같이 파손 형태 및 부위에 따라 나뉘게 된다[39, 40]. 운영 중 결함 빈도는 박리, 접착 파손, 균열, 복합재 내부 층간 균열, 좌굴에 의한 파손, 수지 파손의 순으로 나타난다. 극명히 육안으로 그 구분이 가능한 좌굴에 의한 파손을 제외한 나머지 결함 및 파손은 비파괴 검사 대상이 된다.

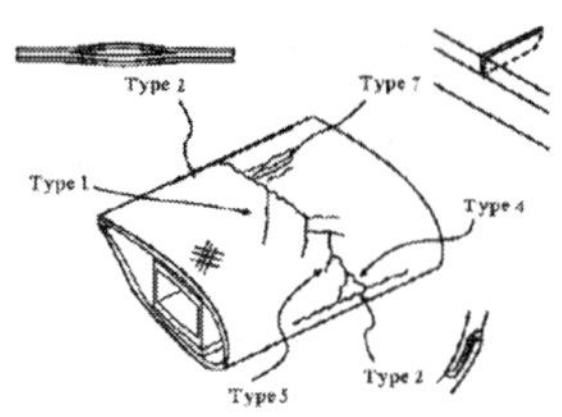

Type 1: Adhesive layer failure between skin and main spar
Type 2: Adhesive layer failure in leading and trailing edge
Type 3: De-bonding of sandwich panel and core
Type 4: Delamination driven by a tensional or a buckling load
Type 5: Fiber failure and laminate failure (in tension and compression)
Type 6: Buckling of skin under compressive load
Type 7: Gel-coat cracking or de-bonding from skin

그림 10.3 풍력 블레이드의 주요 운영 중 결함 및 파손

10. 4 풍력블레이드 비파괴시험

블레이드에 외관상 결함이 없는 것만으로는 제조결함 여부를 판단하는데 충분하지 않다. 따라서 결함을 탐상하기 위하여 다양한 방법이 사용되고 있다. 대부분 복합재료로 이루어진 풍력 블레이드는 육안검사 이외에 표 10.2와 같은 비파괴 검사 기술을 적용할 수 있다. 그러나 이중 풍력블레이드 제품의 특성 및 검사 환경 등의 이유로 육안검사, 두드리기 시험과 함께 적외선 (infrared) thermograpy, 초음파 (ultrasonic) 검사 방법이 널리 사용되고 있다.

표 10.2 복합재료에 적용 가능한 비파괴 검사 기술

NDI methods	Principle	Advantages	Limitations
Infrared thermography	Relevant temperature differences	Fast inspection Easy define	Heat Penetration depth In-situ
Ultrasonics	High frequency elastic waves	Sensitive Depth penetration Detailed image	Irregular shape Low contrast
Acoustic emission	Elastic waves (From sudden redistribution of stress)	In-situ monitoring Entire structure	Apply load Types of defect
Optical and Laser	Direction and amplitude of light	Fast inspection Don't need special property	Heavy instrument Less sensitivity
Microwave technique	Electromagnetic waves	Sensitive Detailed image Fast inspection	Penetration depth
Radiography	Electromagnetic wave	High sensitivity	Slow Harmful Expensive

1) 육안검사

최근에 최신 NDT기술이 로터블레이드의 시험에 활용되고 있는데, 침투(penetrant)시험, 소형카메라를 이용한 육안 검사 등이다. 현재 기계부품의 경우, 제조 시험은 수행하지 않고 있지만 손상원인은 조사하고 있다. 예를 들면 유성기어의 육안검사를 위하여 내시경을 통한 육안검사가 행해지고 있다.

2) 적외선 thermography 검사

비파괴적인 시험은 블레이드의 수명과 구조강도 유지를 위해서는 필수적인 과정이다. 접착제에 의한 접합은 블레이드 구조물에서 매우 중요한 사항이어서 주의해서 검사해야 하는데 육안으로 볼 수 없기 때문에 어렵고, 초음파 탐상이나 x-ray에 의한 결함의 검출 방법은 한계가 있다. 최근에는 이러한 문제점을 해결하기 위하여 적외선을 활용한 결함의 검색 연구가 계속되어 왔다.[41-43]

적외선을 이용한 thermography 법은 구조를 이루는 소재와 결함 및 손상 범위에 있는 공간 및 소재의 열전달계수와 열용량의 차이에 따른 온도 차이를 바탕으로 검출 하는 기술이다. 적외선은 가시광선보다 긴 파장을 지니고 있어 우리는 볼 수는 없지만 기계적으로 검출은 가능하다. 물체로부터 방출되는 IR은 IR 검출기(infrared detector)로 찾아서 컬러이미지로 나타낼 수 있다. 최근에 독일의 프라운호퍼(Fraunhofer Wilhelm-Klauditz-Institut)에서 블레이드의 비파괴 검사를 위하여 개발한 적외선(IR, infrared) thermography 방법이 대표적인 것이다.

적외선 thermography법은 크게 열원을 인위적으로 발생하여 탐상 대상체에 열에너지를 인가한 전달/냉각시키면서 온도 차이를 살펴보는 active thermography와 균열이나 손상 범위에서 발생하는 마찰열 혹은 변형에 의해 발생하는 열에 의한 온도차를 탐상하는 passive thermography로 구분할 수 있다. Active thermography는 블레이드가 움직이지 않을 때 탐상할 수 있는 방법으로 주로 생산 결함을 탐상할 때 사용되며, passive thermography는 운영 중 발생하는 결함/손상등을 탐상할 때 사용된다.

Active thermography는 IR 방출기(infrared radiator)에서 간단히 표면을 가열하고 특수카메라로 표면의 열이 재료 속으로 퍼지는 상황을 보여준다. 열의 전단부분이 기포나 박리부분을 만나면 공기 속에서는 열이 연속 고체보다 적게 퍼져나가기 때문에 계속해서 축적이 된다. 이 축적된 열을 감지하여 화면으로 나타낼 수 있기 때문에 검사자는 수 센터미터 재료 속을 들여다 볼 수 있다. 적외선주사장치(IR scanner)는 블레이드의 길이방향으로 시험을 하고 매번 같은 지점에서 정확하게 측정한다. 다시 말해서 이 장치는 적층판의 두께를 투과하여 볼 수 있게 하고 접합 부위를 검사할 수 있으며 접착부위의 온도차를 기록하면서 결함을

탐지하여 사진으로 보관한다. 또한 확실하지 않은 부분이 있으면 그 부분만 집중적으로 전자이미지 처리과정을 거쳐서 분석할 수 있다. 그림 10.4는 독일 프라운호퍼 연구소에서 개발한 블레이드 비파괴 검사용 IR thermography 장치와 결함을 보여주는 예시[43]이다.

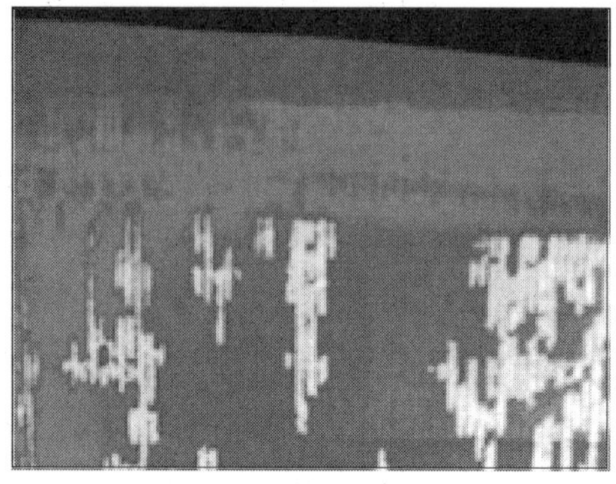

그림 10.4 Active infrared thermography 측정기와 결함의 예시

Passive thermography는 IR 방출기(infrared radiator)없이 블레이드 운영 중 발생한 균열 부위가 서로 마찰 하면서 자체적으로 발생하는 열원에 의한 온도차를 기록하면서 탐상하게 된다. 또한 결함에 의해 발생하는 응력 집중에 의해 변형에너지가 증가하게 되면서 발생하는 소재에서의 열원을 측정함으로써 향후 파손 부위를 예측 할 수도 있다. 이러한 passive thermography는 실시간 손상 모니터링 방법으로도 사용할 수 있다. 그림 10.5는 한국의 재료연구소에 실시한 피로 시험도중 파손을 passive thermography법으로 검출 한 예이다.

이처럼 infrared thermography법은 사용되는 장비 및 기술이 일반 사용자도 쉽게 사용할 수 있는 장점이 있어서 널리 사용되고 있으나, 열원 및 온도차에 의한 검출의 한계로 인해 두꺼운 시험 대상체의 경우 표면으로부터 깊은 곳의 균열은 검출 할 수 없는 단점이 있다.

3) 초음파 검사

초음파(ultrasonic) 검사는 빠르고 신뢰성 있는 복합재료 검사방법으로 블레이드의 손상 여부를 검사하기 위하여 가장 많이 사용한다. 초음파 검사법의 장점은 표면으로 부터 깊은 곳에 위치한 균열 및 손상을 검출할 수 있고 수지가 부족한 부분이나 박리(delamination)가 발생한 부분을 비교적 정확한 형상 및 위치를 알아낼 수 있는데 있다.

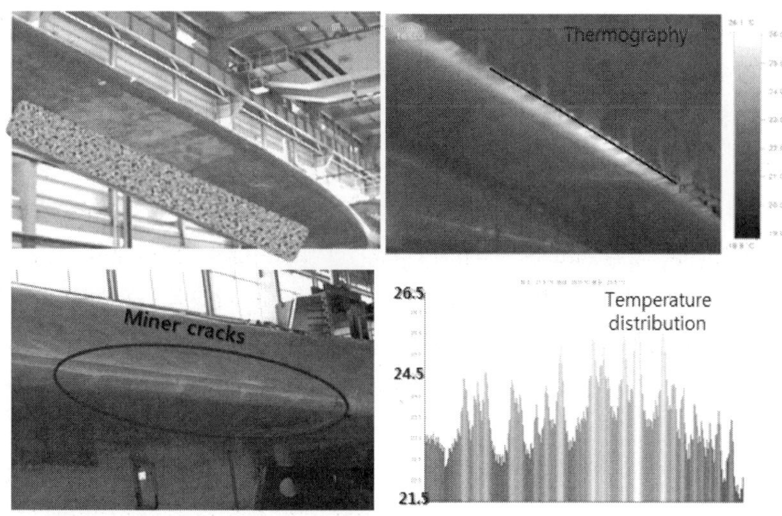

그림 10.5 Passive infrared thermography에 의한 검출 결함의 예시

그림 10.6과 같이 초음파 검사는 초음파 발생기에서 발생한 초음파 신호가 소재를 거쳐 물리적 단면으로부터 돌아오는 신호를 이용하여 결함을 탐상한다. 이때 초음파의 도달 속도, 세기, 시간 등을 활용하여 소재의 차이, 위치 등을 판별할 수 있다. 이때, 신호만을 단순히 측정하여 검출하는 방법을 A-Scan법이라 하며 A-scan 신호를 모아 이미지화한 결과를 활용하는 방법을 C-scan법이라고 한다.

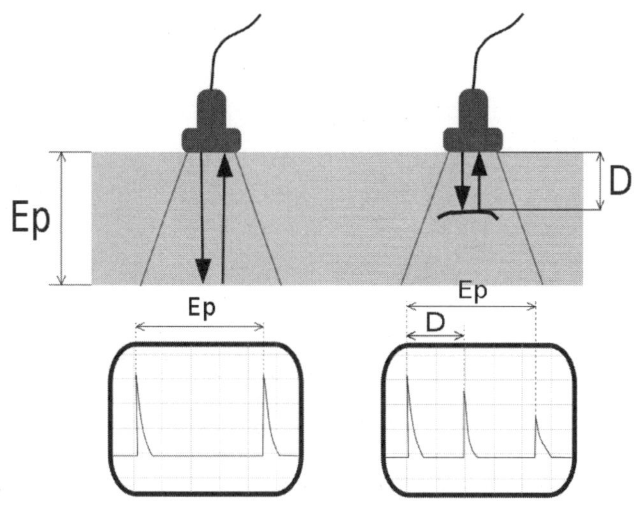

그림 10.6 Passive infrared thermography에 의한 검출 결함의 예시

풍력 블레이드의 결함 검사를 위해서는 그림 10.7과 같은 풍력 블레이드용 C-Scan 장비를 활용하여 검사한다. 미국 NREL과 한국의 재료연구소에서는 그림 10.8와 같이 풍력 블레이드에서 발생할 수 있는 주요 생산 결함 및 운영 중 결함에 대해 시편 등을 제조 하여 검사 기술을 개발/적용 하고 있다. 유리섬유는 탄소섬유에 비해 물리적으로 초음파 신호의 감쇄율이 큰 소재로 초음파 검사법 적용이 탄소섬유 복합재료에 비해 어려운 편이다. 항공 산업에서 오랜 기간 탄소섬유 복합재료의 결함 검출을 위해 다양한 C-Scan 기술을 개발하여 적용하고 있으나 풍력 블레이드의 주 사용 소재인 유리섬유 복합재료의 C-Scan기술은 그간 주요한 구조재에 사용되어 오지 않으면서 그 기술 개발이 미진한 상태이다.

그림 10.7 풍력블레이드용 C-scan 장비 및 탐상 모듈

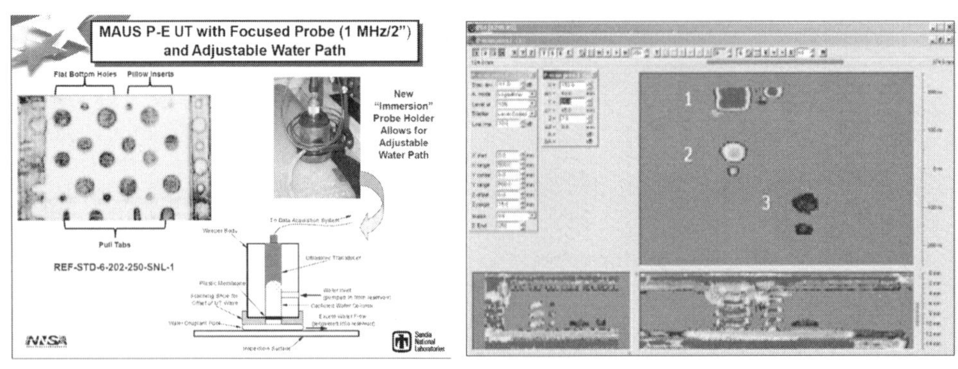

그림 10.8 초음파 검사에 의한 검출 결함의 예시 (좌: SANDIA Lab.-USA, 우: 재료연구소-한국)

초음파 검사법은 풍려블레이드에 적용하기 용이하고 비교적 정확한 균열 검사가 가능한 이유로 널리 사용되고 있으나, 결함 검출을 위해서는 전문적인 인력 및 교육이 필요하며, 복잡한 형상을 갖는 부위의 검사가 물리적으로 불가능한 단점이 있다.

4) 두드리기(Tap) 시험

Tap시험은 초음파시험의 결과를 증명하기 위하여 사용되거나 재료의 불균일성을 찾아내기 위하여 사용하는 방법이다. 그 기본 아이디어는 재료의 두께나 재료 종류가 변하거나 기공이 존재할 때 구조물을 두드리면 발생되는 소리가 변화하는 것이다. 블레이드의 스파와 스킨사이의 접착이 분리되었을 때도 소리의 변화가 발생한다. 이 때 사용되는 도구는 수동용 tapping hammer, "Woodpecker" 라는 간이 시험기, 컴퓨터 tap tester(CATT, computer aid tap tester) 등이 있다. 자동화된 tap시험은 손상영역을 인쇄해 낼 수 있다는 장점이 있어 손상을 기록화 할 수 있다. 이 방법은 얇은 적층판, 하니컴 구조, 샌드위치 구조와 같은 박판 형상의 구조에서는 판별이 잘 이루어진다. 하지만 후판의 경우에는 효과적이지 않다. 그림 10.9는 유리섬유 복합재를 대상으로 미국의 EWI사에서 수행한 두드리기 시험의 실험 결과이다.

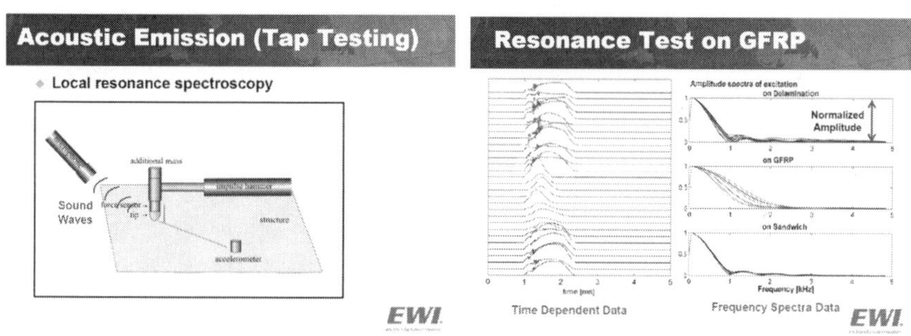

그림 10.9 두드리기 시험 검사에 의한 검출 결함의 예시 (EWI-USA)

기타 소재 11장

11.1. 패스너(fastner) 재료

패스너(fastner)는 두 가지 이상의 목적물 혹은 부품(parts 혹은 components)을 결합시키기 위하여 사용되는 도구(device)이다. 풍력터빈에도 대형 산업용 패스너가 사용된다. 주요 핵심부품 모듈을 제작하기 위하여 사용되는 패스너는 중공업에서 사용되는 볼트와 너트와 동일하다. 특히 풍력터빈을 조립할 때와 현장 설치에 사용되는 패스너의 종류가 이 교재에서의 관심분야이며 이것들은 타워 플랜지용 볼트, 블레이드 고정용 T-bolts 및 barrel nuts, 타워 기초공사용 앵커 볼트 등 구조용 패스너이다. 따라서 구조용 볼트는 건축물 혹은 교량과 같은 구조적 연결이나 조립에 사용할 목적으로 제조되며 육각모양의 헤드를 가지며 견고한 나사산과 길이를 지니고 있다.

풍력터빈은 헬리콥터와 같이 운용중에 항상 피로하중을 겪는 기계로써 진동에 의하여 패스너가 느슨하게 될 상황에 놓인다. 따라서 풍력터빈 개발자는 많은 에너지를 생산하기 위하여 더 긴 블레이드와 높은 타워를 개발하기 위해서 노력하지만 그에 따라서 더 많은 진동에 마주치게 된다.

합금강의 열간 및 냉간 단조공정을 거쳐 M12 ~ M64에 이르는 크기의 볼트와 해당 너트가 사용된다.

발전기(generator) 해드에는 M4 ~ M6 규격의 작은 볼트 및 너트가 사용된다. 블레이드를 피치 베어링에 체결할 때는 T-bolt와 배럴 너트(그림 11.1)가 사용되며, 타워를 연결할 때는 M30, M36, M42정도 규격의 볼트 및 너트가 사용된다. 특히 구조용 와셔(structural washer)는 독일규격 DIN 69116/EN 14399 Part 6에 따르게 된다. 볼트와 너트, 와셔 등에 사용되는 탄소강은 경도 300-370 HV(약 32 – 40HRC)에 이르도록 담금질(quenching) 및 열처리(tempered)가 요구된다.
앵커볼트(anchor bolt)의 구체적인 예시로써 steel bar가 사용되는데 McAlloy사의 경우 25 ~ 40mm 및 50 ~ 75mm bar는 항복강도(nominal ultimate tensile strength가 1,030N/mm^{2}의 물성을 지닌다.

따라서 기술자들은 인장(tension)을 측정하는 방법과 부식을 방지하기 위한 더 나은 방법을 찾기 위하여 노력한다.

그림 11.1 대표적인 블레이드 체결용 T-bolts와 barrel nuts

11.2 터빈 부품용 구리(Cu, Copper)

구리(Cu, copper)는 재생에너지 발전에서 설치용량당 구리의 양의 측면에서 볼 때 종래의 화력발전에서 보다 더 큰 역할을 한다. 재래식 발전소에서는 MW당 약 1톤의 구리가 요구되지만 풍력이나 태양광에서는 MW당 약 4배의 구리가 소요된다.[44,45]

예를 들면 표 11.1과 같이 2011년에 분산전원과 재생에너지에 사용된 구리의 총량은 272킬로톤(kt)로 추산되고 2011년까지 누적량은 약 1,071kt이다.

표 11.1 재생에너지에 사용된 구리의 사용량

	Installed power in 2011[46](GW)	2011년까지 누적량(GW)[46]	2011년 구리 사용량(kilotones) [44, 45, 47]	2011년까지 구리사용 누적량(kilotones),[44, 45, 47
태양광	30	70	150	350
태양열	0.46	1.76	2	7
풍력	40	238	120	714
합계			272	1,071

신재생에너지에서 구리가 사용된 주요부품은 발전기, 변압기, 인버터, 케이블, 전력전자, 통신케이블 등이다. 부수적으로 부식저항 소재로써 사용되기도 한다.
본 절에서는 신재생에너지 분야에서 풍력부분만 언급하기로 한다. 특히 최근에 해상풍력분야가 대두되면서 해저의 고압송전선이 사용되고 전력계통 연결에 구리의 사용량의 증가는 필수적이다. 2011년에 풍력시스템에 사용된 구리의 양은 120kt이었고 2011년까지 누적 사용량은 714kt으로 보고되고 있다.

구리의 사용처는 고정자와 회전자의 코일권선, 나셀에서 기초까지 연결하는 전선, 변압기의 권선, 기어박스 등이다. 나셀내부와 보조모터(피치 및 요드라이브), 냉각회로, 전력전자 등에도 필수적으로 사용된다.

특히 발전기에 사용되는 구리의 양은 발전기의 종류에 따라 다양하다. 구리의 사용량은 발전기의 용량에 거의 비례하게 된다. 특히 증속기가 없는 직접구동 발전기는 더 많은 구리가 요구되어 증속기가 있는 발전기 보다 약 3.5에서 6배에 가까이 무겁다. 풍력발전기에 사용되는 발전기의 종류와 구리의 사용량은 표 11.2에 요약되었다.

표 11.2 메가와트급 풍력발전기에 사용된 발전기형태에 따른 구리 사용량요약[46]

발전기종류	평균구리 용량 (kg/MW)	비고
Double-fed asynchronous generator(DFAG)	650	증속기형 발전기로 2009년 70%차지. 2015년까지 주류. 유지보수, 계통연결을 위한 인버터등이 필요하여 점차적으로 사용이 감소예상
Conventional asynchronous generator(CAG)	390	증속기형발전기로 2015년까지 감소하다가 2020년 경에는 거의 사용되지 않을 것으로 예상
Conventional synchronous generators(CSG)	330-4,000	증속기 혹은 직접구동에 모두 사용. 2020년까지 많이 활용예상
Permanent magnet synchronous generators(PMSG)	600-2,150	2015년까지 시장 형성예상
High-temperature superconductor generators(HTSG)	325	개발단계로 성능은 우수하며, 해상풍력에서 적합

발전기용 구리이외에 많은 부분이 연결 케이블분야이다. 전력 케이블, torsion 케이블, 광섬유, 모니터링 및 통신케이블 등이다.

그림 11. 2와 같이 전력케이블 소재는 구리나 알루미늄으로 제조된다. 전통적으로 구리의 장점은 잘 알려져서 사용되고 있으나 가격문제로 알루미늄이 더 선호되고 있는 실정이다. 대체적으로 알루미늄을 사용하였을 때 약 40%까지 예산 절약이 가능하다고 한다[47].

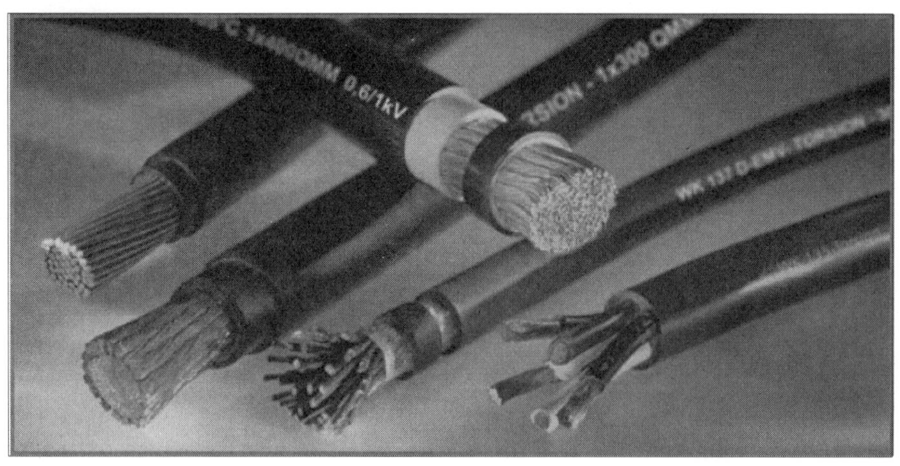

그림 11.2 터빈용 케이블의 예시

추가적으로 설명하자면 2MW급 풍력터빈의 다른 부품들에서 구리의 용량은 표 11.3에 다시 요약되었다. 연결 케이블은 위에서 언급한 발전기 다음으로 구리가 많이 사용되는 분야임을 표 11.3에서 알 수 있다. 그 다음으로는 접지시스템(LPS 포함)으로 볼 수 있다. 아래 표에서는 2MW의 경우 약 750kg 정도가 소요되어 케이블 다음으로 많은 양이다.

표 11.3 2MW 풍력터빈의 부품별 구리 사용량[47]

부품명	평균 구리 사용량(kg)
보조모터(피치 및 요 드라이브)	75
나셀 내부 다른 부품들(기어박스용 유도기 등)	〈50
vertical 케일블(나셀 ~ 기초 연결 케이블)	1,500
전력전자(컨버터 등)	150
냉각기기	〈10
접지 및 lightning Protection System(LPS)	750

여기에서 언급해야할 사항은 순수 구리가 우수한 도전성능으로 전통적으로 접지 및 LPS에 사용되어 왔으나 가격 때문에 제조사들은 bimetal copper clad나 알루미늄 접지선 혹은 케이블을 사용하게 되었다. 구리가 도금된 전선이 개발되고 있으나 낮은 전도성, 크기, 무게, 유연성, current carrying 성능등의 한계가 있다.

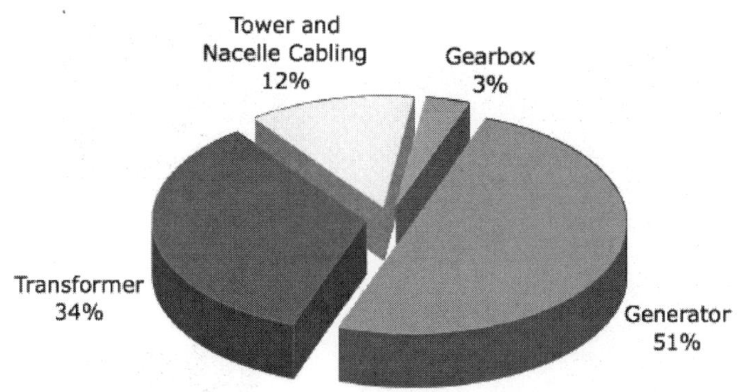

그림 11.3 대표적 풍력터빈 부품에 사용된 구리의 양의 비율

다른 문헌[48]을 통하여 풍력터빈에서 구리의 사용량을 정리하면 더 나은 이해를 할 수 있을 것으로 보인다. 위의 그림 11.3에서 보는 바와 같이 발전기에 많은 비율이 사용되고 변압기, 연결 케이블, 기타 등의 순이다. 이 문헌에서는 구리의 사용량은 발전기에는 0.36톤/MW, 변압기 1톤/MW, 연결케이블(나셀 ~ 타워하부) 0.306톤/MW, 기어박스 0.079톤/MW로 분석하고 있다.

11.3 발전기용 자성재료(magnet materials)

저탄소 성장사회에 기여하는 환경친화형 자동차, 저에너지소비형 가전제품, 풍력산업 등의 기반소재 중의 하나가 고특성 희토류계 영구자석이다. 영구자석은 주로 모터, 액츄에이터, 발전기 등에 사용되면서 에너지 변환의 핵심적인 기능을 수행하는 기능성 소재이다. 1900년 이후 영구자석이 처음 개발된 이후 점차 종전에 사용되던 전자석을 대체하게 되었다.

최근 까지는 풍력터빈에는 비영구자석인 전자석을 이용한 유도발전기가 사용되어 왔다. 필수적으로 기어박스와 연결하여 사용되고 기어박스의 완성도가 높아지기는 했으나 여전히 유지 및 보수에 상당한 노력이 필요하다. 대안으로 증속기가 없는 직접구동형 풍력터빈에 많은 진전이 있었다. 그 중심에는 그림 11.4와 같이 영구자석을 활용한 영구자석발전기(PMSG, permanent magnet synchronous generator)가 있다.

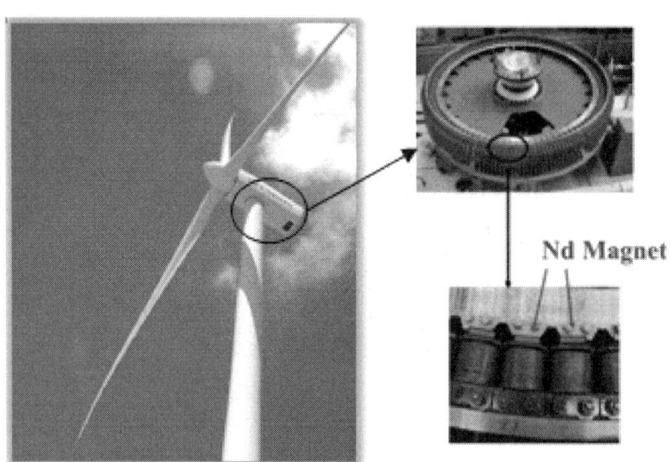

그림 11.4 대형 풍력터빈용 발전기에 사용되는 Nd계 Magnet[49, 50]

특히 분말자성소재중에서 고성능 희토류 영구자석은 가장 우수한 자기특성을 보이고 있고 가격 대비 성능이 우수해서 풍력터빈과 발전기용 고에너지 효율을 주는 네오디미엄 계 자석(neodymium magnet, NdFeB)에 대하여 알아본다.

Neodymium은 주로 Neodymium-Iron-Boron 소결합금(Nd2Fe14B) 자석의 일부 원소로 사용되고 tetragonal crystal 구조를 지니고 있어 가장 강력한 자석을 만드는데 활용된다. 메가와트급 직접구동 영구자석 발전기에 사용되는 Neodymium계 영구자석은 약 2톤에 이르는 것으로 알려져 있다.[51]

아래에서는 Neodymium계 자석을 제조하는 일반적인 공정에 대하여 소개하고자 한다.[52]

(1) 반응 재료 준비

일반적으로 사용되는 반응식은 식(11.1)과 같다.

$$57\ Fe + 8\ B + 10\ Fe_2O_3 + 7.5\ Nd_2O_3 + 52.5\ Ca \rightarrow Nd_{15}Fe_{77}B_8 + 52.5\ CaO \quad \text{식(11.1)}$$

이 반응에 의하여 얻어지는 분말은 최종 $Nd_2Fe_{14}B$와는 다소 달라 Nd-rich 혹은 B-rich의 성분들이 포함된다. 고온용 자석을 얻기 위해서는 Fe 대신에 Co가 첨가되기도 한다. 소량의 Dy(dysprosium)을 첨가하면 고유의 보자력이 증가하기도 한다.

(2) 용융(melting)

반응은 그림 11.5와 같이 진공유도로(vacuum induction furnace)에서 발생하고 electrical eddy current로 가열하고 반응시 불순물은 진공상태에서 제거된다.

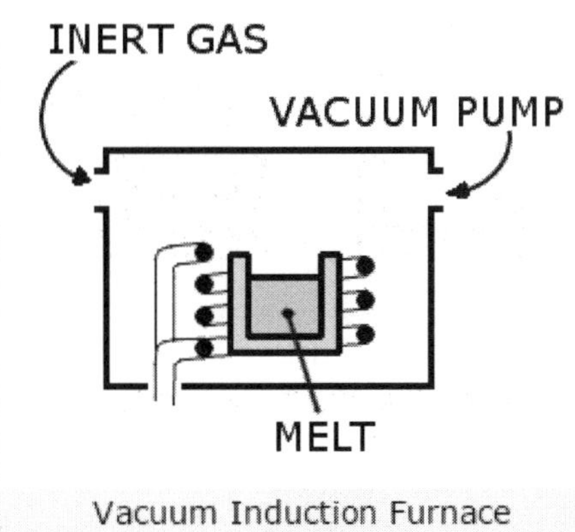

그림 11.5 자성소재의 진공유도로에서의 용융과정

(3) 밀링(milling)

Jet milling 공정은 재료를 분말로 변화시키는데 이때의 평균 분말입자는 3μm의 크기이다.

(4) 압축공정(pressing)

분말은 원하는 자성방향을 지니는 고체(전구체, precursor)로 만들기 위하여 die upsetting이란 공정으로 약 725℃의 온도에서 압축을 가한다(그림 11.6). 이 고형물(precursor)은 초기 크기의 약 1/2의 높이로 두 번째 금형에서 가압된다. 이 때 가압하는 방향으로 자성의 방향이 정렬된다.

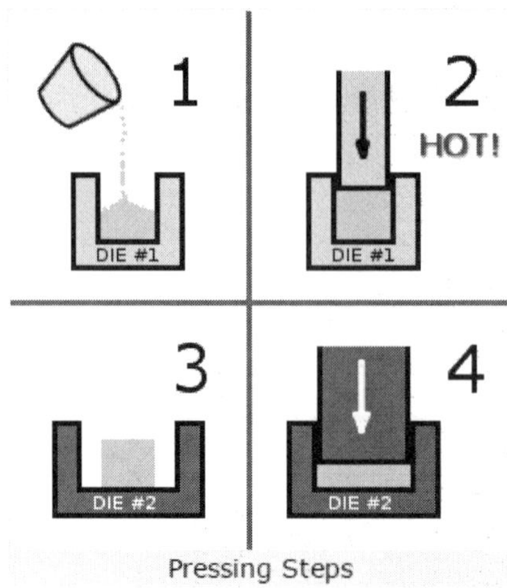

그림 11.6 자성방향성이 부여된 고형물의 압축공정

(5) 소결(sintering)

분말야금에서 사용되는 공통된 공정으로 재료는 용융점이하인 약 1080℃에서 가압되어 입자들은 서로 결집하게 된다.

(6) 기계가공(machining)

연마공정을 통하여 소결된 자석(자화 이전의 고형물)은 일정한 형태로 가공된다. 특수한 형상이 필요한 자석은 electric discharge machining(EDM)공정으로 가공되기도 한다.

(7) 도금(plating)

기계가공된 자석(고형물)은 nickel-copper-nickel의 3겹으로 전기도금을 하게된다. 왜냐하면 순수 자석은 부식이 되기 쉬워 수분이 존재하면 급속히 자성을 잃게되기 때문이다.

(8) 자성화(magnetization)

이 시점에서 자석(고형물)은 자성방향은 지니고 있지만 자성화된 상태는 아니다. 이것을 치구에 고정시키고 순간적으로 강력한 자장에 노출시켜 최종 자석(magnet materials)으로 만든다.

(9) 검사(inspection)

크기, 코팅두께, 자성화의 등급 등을 확인하기 위한 검사를 하게 된다.

(10)특성

Neodymium계 자석은 금속이라기 보다는 세라믹과 유사하다. 따라서 기계적 가공이 쉽지 않고 매우 단단하고 취성이 높은 소재이다. 형상은 금속소재와 같이 보이나 철강처럼 강도는 높지 않기 때문에 날카로운 충격을 가하면 조각으로 깨어지기 때문에 취급에 주의를 기울여야 한다. 이와 같은 특성 때문에 가압에 의한 끼워맞춤으로 고정시키는 것은 피해야 하고 접착하는 방법이 추천된다. 아울러 나사를 가공하는 것도 좋은 방법은 아니다.

Neodymium은 희토류 광물로써 monazite와 bastnasite에 함유되어 있다. 이를 분리해내는 과정은 황산, 염산, 수산화나트륨 등이 사용되어 환경적으로 매우 유해한 공정이 필요하게 된다. 중국이 이러한 희토류 광물의 90%를 생산하고 있는데, 열악한 환경조건과 낮은 인건비로 인하여 타 국가와 비교하여 가격 경쟁력이 우수하다. 단지 친환경을 내세우는 재생에너지를 생산하기 위한 풍력발전기를 제조하기 위하여 환경파괴를 거쳐야 한다는 딜레마가 존재하고 있음을 인식할 필요가 있다.

참고문헌

1. 황병선외, ***최신풍력터빈의 이해***, 2nd ed. 아진출판사, 2010

2. 한국에너지기술평가원, ***2016 풍력산업 현황자료***, 2016. 11

3. U.S. Department of Energy, 20% Wind Energy by 2030, p. 63, July 2008

4. 이종문, 조동환, "불포화 폴리에스터 블렌드의 경화거동, 열안정성 및 굴곡특성," ***폴리머***, 제27권, 제2호, pp. 120-128.

5. 전의진, 이우일, 윤광준, 김태욱, ***최신 복합재료***, 교학사, 1995.

6. Chris Red, "Windmill blade production," Will record gains push automation? " *Composite Manufacturing*, 2006.

7. Dayton A. Griffin, Thomas D Ashwill, "Alternative composite materials for megawatt-scale wind turbine blade design considerations and recommended testing," *Journal of Solar Energy Engineering*, 2003

8. Barry Brenberg, "Redesigning Wind Blades," *High-Performance Composites*, 2002

9. L. Peters, Georg Adolph, J. Llsted Bech, Bronsted, "Hiper-texTM WindshieldTM: A New generation of high performance reinforcement," *Proceedings of the 27th RISØ International Symposium on Materials Science*, RISØ National Laboratory Roskilde, Denmark, 2006, pp. 297 - 305

10. M. Kaviany, *Principles of Heat Transfer in Porous Media*, Springer-Verlag, 1991.

11. L. Skartsis, J. L. Kardos and B. Khomami, "Resin flow through fiber beds during composite manufacturing process. Part 1 : Review of Newtonian flow through fiber beds," Polymer *Engineering and Science*, Vol. 32, 1992.

12. M. K. Um and S. K. Lee, "A Study on the Determination of In-Plane Permeability of Fiber Preforms," *Polymer Composites*, Vol. 20, No. 6, 1999.

13. M. R. Dusi, W. I. Lee, P. R. Ciriscioli, G. S. Springer, "Cure kinetics and viscosity of Fiberite 976 resin," *Journal of Composite Materials*, Vol. 27, 1987.

14. S. Sourour, M. R. Kamal, "Differential scanning calorimetry of epoxy cure: isothermal cure kinetics," *Thermochimica ACTA*, Vol. 14, 1976.

15. P. W. K. Lam, H. P. Plaumann, T. Tran, "An improved kinetic-model for the autocatalytic curing of styrene-based thermoset resins," *Journal of Applied Polymer Science*, Vol. 41, 1990.

16. M. K. Um, I. M. Daniel and B. S. Hwang, "A study of cure kinetics by the use of dynamic differential scanning calorimetry," *Composite Science and Technology*, Vol. 62, No. 1, 2002.

17. E. B. Becker, G. F. Carey and J. T. Oden, *Finite Elements-An Introduction*, Prentice-Hall, 1981.

18. M. K. Um, W. I. Lee, "A study on the mold filing process in resin transfer molding," *Polymer Engineering and Science*, Vol. 31, 1991.

19. *Catalog*, Human Composites Co., Gunsan, 2016

20. *소재기술백서 2011*, 재료연구소, 2011, p 349

21 Iulian Riposan, Mihai Chisamera, Stelian Stan, Performance of heavy ductile iron castings for windmills, "POLITEHNICA University of Bucharest, 313 Spl. Independentei, RO-060042 Bucharest, Romania, May 2010

22. Jozef Turzyñski and Tadeusz Bogacz, "Application of ductile iron GJS 400-18U-LT in heavy casting for wind power plants" , Ferrous Alloys Department, Foundry Research Institute, S.A. Metalodlew, Cracow, Poland, UDK 621.78.

23. Christoph Bleicher, Rainer Wagener, Heinz Kaufmann, Tobias Melz, "Nodular Cast Iron for Normal and Arctic Temperatures in Wind Energy, *Proceedings of the Twenty-fifth (2015) International Ocean and Polar Engineering Conference*, Kona, Big Island, Hawaii, USA, June 21-26, 2015

24. I. Riposan, M. Chisamera, S. Stan, "Performance of heavy ductile iron castings for windmill," *China Foundary*, Vol. 7 No. 2, May 2010

25. Ahmet Selim Pehlivan and Mahmut F. Aksit, "Fatigue Analysis of a 500kW Wind Turbine Main Load Frame," *Proceedings of ICRERA 2013*, IEEE

26. A. S. Pehlivan and M. F. Aksit, "Fatigue Analysis of a 500kW Wind Turbine Main Load Frame," *Proceedings of Renewable Energy Research and Applications (ICRERA), 2013 International Conference*, Oct. 20-23, 2013, Madrid, Spain

27. P. Libergren, Soeren Oemann Lind, *Patent 20150233357*, Bedplate of a wind turbine, 2015. 8. 20

28. 염종택, 최승식, 이종수, "대형 링 구조부품의 제조를 위한 링 압연공정기술," *기계와 재료*, 제19권 3호, 2007, pp. 111-118.

29. *두산중공업 주단 BG 자료.*

30. R. Bolin, "Ring Rolling," *ASM HDBK*, Vol. 14A, Metalworking Bulk Forming, ASM Int., Materials Park, OH 44073-0002(2005), pp. 136-155

31 J. T. Yeom, J. H. Kim, N. K. Park, S. S. Choi, C. S. Lee, "*J. Materials Process Tech.*, Vol. 187-188, 2007, pp. 747-751

32. *Schaeffler Bearing Catalog*

33. Sreekunar Chockalingam and Vasntha R. W. Amarakoon, Energy Efficient and Economical Processing of Silicon Nitride Ball Bearings for Wind Turbine Applications, *MS Theses*, NYS College of Ceramics at Alfred University.

34. *Braking Technology for Wind Turbine*, Twiflex Ltd.

35. Robert Harrison, Erich Hau, Herman Snel, *Large Wind Turbines, Design and Economics*, John Wiley & Sons, Ltd.

36. Chris Levandowski, "Evaluating Tall Wind Turbine Tower in the Field,"

37. WINDBLATT, *Enercon Magazine for Wind Energy*, " No. 4, 2007

38. C. Y. Son, et al, "Study on Natural Frequency of Offshore Wind Turbine Tower," *EWEC 2007*, May 7-10, Milan, Italy.

39. Sorensen B. F. et al, Improved design of large wind turbine blade of fiber composites based on studies of scale effects, "*Riso-R-1390*, Sep. 2009.

40. 허용학, "풍력발전 블레이드 제작 및 사용에서의 신뢰성 기술," *기계저널*, Vol. 54, No. 7, 2014. 7.

41. M. A. Drewry and G. A. Georgion, "A Review of NDT techniques for wind turbines," *Insight* Vol. 49, No. 3, March 1997

42. G. M. Smith, B. R. Clayton, A. G. Dutton and A. D. Irving, "Infrared thermography for condition monitoring of composite wind turbine blades: feasibility studies using cyclic loading tests," Wind Energy Conference 1993, *Proceedings of the British Wind Energy Association Conference*, 6-8 Oct, 1993, York(UK), pp. 365-371.

43. P. Meinslschmidt and J. Aderhold, "Defect Detection in Rotor Blades using Thermographic Inspection Techniques," *DEWEK 2006, 8th German Wind Energy Conference*, Nov. 22-23, 2006, Bremen, Germany.

44. Maximization of use of copper in photovoltaics. Presentation by Generalia Group to ECI, 2012; Available at Leonardo Energy - Ask an Expert; http://www.leonardo-energy.org/ask-expert

45. Wind Generator Technology, by Eclareon S.L., Madrid, May 2012; www.eclareon.com; Available at Leonardo Energy - Ask an Expert; http://www.leonardo-energy.org/ask-expert

46. Copper content assessment of wind turbines, Final Report V01, by Frost & Sullivan. Presented to ECI; July 12, 2010. Available at Leonardo Energy - Ask an Expert; http://www.leonardo-energy.org/askexpert

47. Frost and Sullivan, 2009, cited in Wind Generator Technology, by Eclareon S.L., Madrid, May 2012; www.eclareon.com; Available at Leonardo Energy - Ask an Expert; http://www.leonardoenergy.org/ask-expert

48. Ian Keith Falconer, "Metals Required for the UK' s Low Carbon Energy System: The case of copper usage in wind farms " MS Theses, Univ. of Exeter, UK, Sep. 2009

49. 유지훈, 이정구, 최철진, "계면제어에 의한 고보자력 Nd계 영구자석 소재기술," ***기계와 재료***, 제24권 제4호, 2012. 12, pp 34-43

50. 이정구, 유지훈, 최철진, "희토류 저감 및 대체 영구자석 소재개발 현황," ***기계와 재료***, 제24권 제4호, 2012. 12, pp 44-53

51. https://en.wikipedia.org/wiki/Copper_in_renewable_energy

52. Stanford Magnets, "Neodymium Magnets in Wind Turbines and Generators," www.usneodymiummagnets.com

찾아보기

저자소개

황 병선
KIMS 풍력핵심기술연구센터 책임연구원
군산대학교 기계자동차공학부 겸임교수

이 학구
KIMS 풍력핵심기술연구센터 센터장

윤 순호
KIMS 복합재료구조시스템연구실 선임연구원

이 진모
(주) 태웅, 기술연구팀 이사
부산대학교 기계공학부 겸임교수

이 장호
군산대학교 기계자동차공학부 교수

풍력발전기 부품과 소재

지은이와 협의 인지 생략

인 쇄 : 2016년 10월 25일
발 행 : 2016년 10월 30일
저 자 : 황병선, 이학구, 윤순호, 이진모, 이장호
발 행 처 : 도서출판 아진
437-120
경기도 의왕시 이미로 40 (포일동 653번지)
인덕원IT밸리 A동 1019호
TEL:02-737-0663 FAX:02-737-0664
Homepage:ajin.to
E-mail:kgb@ajin.to
발 행 인 : 김 근 배
등록번호 : 제330-1995-56호
I S B N : 978-89-5761-506-5 53550

가격 25,000원